科普第一书 引领未来的新科技
KE PU DI YI SHU YIN LING WEI LAI DE XIN KE JI

生命不老的源泉

干细胞

罗振◎主编

吉林人民出版社

图书在版编目(CIP)数据

生命不老的源泉——干细胞 / 罗振主编. —长春:吉林人民出版社,2014.7
(科普第一书)
ISBN 978-7-206-10869-3

Ⅰ.①生…
Ⅱ.①罗…
Ⅲ.①干细胞—普及读物
Ⅳ.①Q24-49

中国版本图书馆CIP数据核字(2014)第158865号

生命不老的源泉——干细胞

主　　编:罗　振

责任编辑:陆　雨　韩春娇　　　　　　封面设计:三合设计公社

咨询电话:0431-85378033

吉林人民出版社出版 发行(长春市人民大街7548号　邮政编码:130022)

印　刷:北京中振源印务有限公司

开　本:710mm×960mm　　　　　　1/16

印　张:10　　　　　　　　　　　　字　数:220千字

标准书号:ISBN 978-7-206-10869-3

版　次:2014年7月第1版　　　　　印　次:2016年7月第2次印刷

印　数:1-8 000册　　　　　　　　定　价:29.80元

前　言

　　科学技术是第一生产力。放眼古今中外，人类社会的每一次进步，都伴随着科学技术的进步。尤其是现代科技的突飞猛进，为社会生产力发展和人类的文明开辟了更为广阔的空间，有力地推动了经济和社会的发展。

　　科学技术作为人类文明的标志。它的普及，不但为人类提供了广播、电视、电影、录像、网络等传播思想文化的新手段，而且使精神文明建设有了新的载体。同时，它对于丰富人们的精神生活，更新人们的思想观念，破除迷信等具有重要意义。

　　而青少年作为祖国未来的主人，现在正处于最具可塑性的时期，因此，让青少年朋友们在这一时期了解一些成长中必备的科学知识和原理更是十分必要的，这关乎他们今后的健康成长。本丛书编写的宗旨就在于：让青少年学生在成长中学科学、懂科学、用科学，激发青少年的求知欲，破解在成长中遇到的种种难题，让青少年尽早接触到一些必需的自然科学知识、经济知识、心理学知识等诸多方面。为他们提供人生导航，科学指点等，让他们在轻松阅读中叩开绚烂人生的大门，对于培养青少年的探索钻研精神必将有很大的帮助。

　　现在，科学技术已经渗透在生活中的每个领域，从衣食住行，到军事航天。现代科学技术的进步和普及，对于丰富人们的精神生活，更新

前
言

人们的思想观念，破除迷信等具有重要意义。世界本来就是充满了未知的，而好奇心正是推动世界前进的重要力量之一。因为有许多个究竟，所以这个世界很美丽。生动有趣和充满挑战探索的问题可以提高我们的创新思维和探索精神，激发我们的潜能和学习兴趣，让我们在成长的路上一往直前！

全套书的作者队伍庞大，从而保证了本丛书的科学性、严谨性、权威性。本书融技术性、知识性和趣味性于一体，向广大读者展示了一个丰富多彩的科普天地。使读者全面、系统、及时、准确地了解世界的现状及未来发展。总之，本书用一种通俗易懂的语言，来解释种种科学现象和理论的知识，从而达到普及科学知识的目的。阅读本书不但可以拓宽视野、启迪心智、树立志向，而且对青少年健康成长起到积极向上的引导作用。愿我们携起手来，一起朝着明天，出发！

目录

Contents

—— 生命不老的源泉：干细胞 ——

目
录

生命不老的源泉：干细胞

目
录

生命不老的源泉：干细胞

第一章 细胞与干细胞

细胞是生物体结构和功能的基本单位。已知除病毒之外的所有生物均由细胞所组成，但病毒生命活动也必须在细胞中才能体现。一般来说，细菌等绝大部分微生物以及原生动物由一个细胞组成，即单细胞生物；高等植物与高等动物则是多细胞生物。细胞可分为两类：原核细胞、真核细胞。但也有人提出应分为三类，即把原属于原核细胞的古核细胞独立出来作为与之并列的一类。研究细胞的学科称为细胞生物学。

第一节 细胞及其特征

细胞的发现

细胞的发现与显微镜的发明直接有关。细胞一般很小，直径大约在 5～20 微米之间，不能为肉眼观察到，需要特定的仪器设备才能观察到。在 13 世纪，欧洲人首先制造出了眼镜。到 16 世纪末，荷兰人 H.Janssen 和 Z.Janssen 研制出了世界上第一架复式显微镜（由两个双凸透镜组成）。在 17 世纪中期，许多科学家利用手工制造的显微镜来探索肉眼看不到的未知世界。世界上第一个发现细胞的一般认为是英国的科学家 Rober Hooke（1635～1703）。他在用自制的显微镜观察软木（栎树皮）组织以了解软木适宜做瓶塞的原因时，发现软木由许多小室组成，形似蜂窝。他把这些小室称之为细胞 (cell)。Hooke 把观察到的现象写成《显微图谱》一书，在 1665 年出版。实际上，Hooke 观察到的仅是植物死细胞的细胞壁。与此同时，荷兰科学家 Antonie van

红细胞

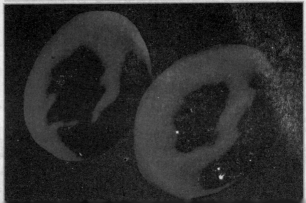

Leeuwenhoek（1632 ～ 1723）用显微镜观察池塘水时首先发现了原生动物。Leeuwenhoek 在生物学的发展上有着杰出的贡献，他观察了多种动植物的活细胞，并对一些细胞的大小进行了测量，描述了细菌不同的形态，观察到了人和哺乳动物的精子、红细胞的核。Leeuwenhoek 制作的标本在 1981 年重新被发现，在这些标本中仍可以观察到藻类及其他细胞。

你知道吗？

生命的开端

现代生物学表明，地球上的生命，从简单的细菌到复杂的人类，它们的基本代谢途径相同，遗传密码一致，遗传信息的传递方式近似。其中起主要作用的是两类大分子：一类是核酸，另一类是蛋白质（包括各种酶）。连目前已知的最简单的生命也都是由这两类分子组成的多分子系统。但这样的多分子系统只是生命的必要条件，而不是充分条件。

在 Hooke 提出 cell 一词以后的 100 多年中，由于显微镜制作技术的限制，科学家们一直把注意力集中在细胞壁的观察上，而对完整细胞内部的研究没有什么大的进展。到 18 世纪末 19 世纪初，科学家们注意到了植物组织小室中的内部结构。C.B.Mirbel(1809) 指出"植物是由有膜的细胞性组织所组成"，并认为植物各种组织中的细胞具有独立性。1831 年 R.Brown 在兰科植物叶表皮细胞中发现有一小球形结构，称之为细胞核，并强调了它的重要性。E.Dujardin(1835) 在低等动物根足虫和多孔虫细胞内发现内含物，称之为肉样质。至此，人们才认识到，细胞并不像 Hooke 所观察的是小孔或小室，而是一个有内含物的结构。

细胞理论的形成

19世纪初，细胞在动植物中的重要性已被广泛认识。动物和植物细胞在形态上有很大差异，植物细胞表面是一层细胞壁，而动物细胞没有细胞壁且细胞的边界不明显，表面上看两者没有相同之处。在 1824 年，法国科学家 H.Dutrochet 明确地主张"一切组织、一切动植物器官，实际上都是由形态不同的细胞所组成"。德国植物学家M.J.Schleiden(1838)得出结论，尽管植物不同组织的结构千差万别，但植物都是由细胞组成的，植物胚由单个细胞发育而成。其后，德国动物学家T.Schwann(1839)出版了有关动物组织的报告，指出动物与植物的细胞具有相同的结构，并正式提出细胞学说：所有生物体均由一

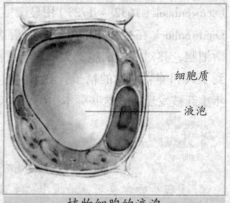

细胞质

液泡

植物细胞的液泡

个或多个细胞组成，细胞是生命的结构单位。细胞学说的创立明确了动植物有机界的统一性。但 Schleiden 和 Schwann 对细胞的起源解释不清。直到1855 年，德国病理学家 R.Virchow 明确指出"细胞来自细胞"，主张细胞只能通过一个已经存在的细胞分裂而来，细胞分裂是生物繁殖的普遍现象。于是，细胞学说包含了以下主要内容：①细胞是所有生物的结构和生命活动的单位；②生物的特性取决于细胞的特性，多细胞生物的每一个细胞即是一个活动单位，执行特定的功能；③细胞只能通过细胞分裂而来，通过遗传物质维持细胞的连续性。

细胞是生命的基本单位

自细胞被发现起，一直到细胞各种结构的确定，对它的含义有不同的提法，如细胞是有机体形态结构的基本单位；细胞是形态与生理活动的基本单位；细胞是组成有机体的结构与功能的基本单位等等。这些都是从一个侧面或强调某个特点而提出的，现在大家比较一致的看法是：细胞是由膜包围的、能独立进行繁殖的最小原生质团，是单细胞和多细胞有机体结构的基本单位，是生命活动的基本单位，是一切有机体的生长与发育的基础。这一定义明确地表明了细胞对生命活动的重要性和在生命活动中的地位。为了更清楚地理解这一概念，我们再从以下几点加以说明。

1. 细胞是有机体结构的基本单位

就我们所知，地球上表现出生命现象的有机体有病毒和由细胞构成的各种生物两大类。但病毒是非细胞形态的生命体，不具备完整的生命形式；除病毒以外的一切有机体都是由细胞构成的。单细胞生物的有机体仅由一个细胞构成，而多细胞生物的有机体则根据其复杂程度，可由数百乃至万、亿计的细胞构成。多数细菌仅由一个细胞构成，高等动植物有机体由无数的功能与形态结构不同的细胞组成。有人统计，成人的有机体大约含有 10^{14} 个细胞，这些细胞大约又可分为 200 多种不同的类型，它们的形态

天花病毒

结构与功能差异很大，功能相同的细胞群体构成机体的组织，不同的组织构成器官，器官的有机组合构成生物体。构成一个生物个体的所有细胞又是由一个受精卵或两性结合的细胞通过分裂与分化而来。在多细胞生物机体内，虽然各种组织都是高度"社会化"的细胞，具有分工与协同的相互关系，但它们又保持着形态与结构的独立性，每个细胞具有自己独立的一套"完整"的代谢体系，构成有机体的基本结构单位。

2. 细胞是有机体生命活动的基本单位

在有机体一切代谢活动与执行功能的过程中，细胞表现为一个独立的、有序的、自动控制性很强的代谢体系。一切有机体的生命活动都是在细胞内或由细胞与细胞协同完成的。在细胞内，一切生理生化过程都代表着或影响到有机体的生命活动，这些活动表现为极其严格的程序化和自动控制性，这是由细胞自身结构的装置及其协调性所决定的，是长达数十亿年进化的产物。对细胞结构完整性的任何破坏，都会导致细胞生命活动有序性与自控性的失调，从而引起整个生物体的失常。虽然我们对细胞的知识领域还存在大片的空白，但我们确信哪怕是一个最简单的细胞，也比任何迄

今为止设计出的计算机控制的智能机更为精巧。因此，我们可以把细胞看做是有机体代谢与执行功能的基本单位。

3. 一切有机体的生长与发育都以细胞的增殖与分化为基础

生物个体的生长与发育是建立在细胞基础上的。单细胞生物虽然没有经历像多细胞生物那样明显的机体建成过程，但仍然要有初始、成熟、衰老与死亡的过程，而且也必须通过原有细胞的分裂来延续后代。多细胞机体有较单细胞个体明显的形态建成过程，经历了由单细胞的合子（有性生殖的结果）到合子分裂产生的胚胎、到胚胎发育成的幼体、再到成体和成熟变老死亡的过程。只要是由细胞组成的有机体，其生长与发育都必须依靠细胞的分裂、细胞体积的增长、细胞的分化与凋亡来实现，不管这些过程是简单还是复杂，是长久还是短暂。细胞是生物有机体生长与发育的基础和基本单位，没有细胞的存在和细胞的增殖与分化，就没有真正意义上的生命。所以，要研究生物的生长与发育，必须要以研究细胞的代谢、增殖与生长、分化与凋亡为基础。

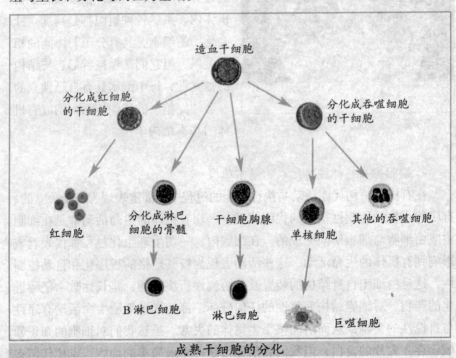

成熟干细胞的分化

细胞增殖

细胞增殖是生物体的重要生命特征，细胞以分裂的方式进行增殖。单细胞生物，以细胞分裂的方式产生新的个体。多细胞生物，以细胞分裂的方式产生新的细胞，用来补充体内衰老和死亡的细胞；同时，多细胞生物可以由一个受精卵，经过细胞的分裂和分化，最终发育成一个新的多细胞个体。必须强调指出，通过细胞分裂，可以将复制的遗传物质，平均地分配到两个子细胞中去。可见，细胞增殖是生物体生长、发育、繁殖和遗传的基础。

4. 细胞具有遗传的全能性，是遗传的基本单位

生命得以繁衍和延续，主要的原因就是有遗传物质的存在。每一种生物的每一个细胞，只要是活的，不论体积是大是小，结构是简单还是复杂，是具有分裂能力的未分化细胞还是已分化或丧失分裂能力的细胞，是性细胞还是体细胞，都包含着全套的遗传信息，也就是说它们具有遗传全能性。这一点已经在植物上得到了完全的证实，从植物体的任何部位取下一个活细胞或一团活细胞（组织或器官），在人工培养的合适条件下，都可以诱导发育为一个完整的个体。在动物上，由未受精的两栖类动物卵细胞，经人工培养与诱导也可发育为完整的个体。从动物的大部分组织游离分散出来的单个细胞，大多数可以在体外培养、生长、增殖与传代，虽然不能像植物细胞那样被诱导分化与发育为个体，但每一个细胞在生命活动中却是一个小小的"独立王国"，在特定的条件下，它可以表现为独立的生命单位。近年通过哺乳动物已分化的体细胞克隆而被诱导发育为动物个体的事实，将细胞全能性的研究推向新的高峰，从而可以概括地说，每一种细胞都有发育为个体的潜在能力。

细胞是多层次非线性的复杂结构体系。

细胞是物质（结构）、能量与信息过程精巧结合的综合体。

细胞是高度有序的，具有自配与自组织能力的体系。

细胞的基本共性

  细胞具有极其复杂的化学组成。一个生活的细胞主要组成是水，约占鲜重的80%～95%；除去水后的干物质中，约有90%是蛋白质、核酸、糖类和脂类等四大有机物；其余为无机物，仅占很少一部分。这些成分按照一定的规则、规律和顺序，有层次地结合在一起，构成极为精密的细胞结构体系，从而构建成生命活动的基本单位——细胞。

  组成细胞的基本元素是碳 (C)、氢 (H)、氧 (O)、氮 (N)、磷 (P)、硫 (S)、钙 (Ca)、钾 (K)、铁 (Fe)、钠 (Na)、氯 (Cl)、镁 (Mg) 等，其中碳、氢、氧、氮是构成四大类有机物的基本元素，占组成生物体元素的90%以上，其他元素也是生命所必需的。碳、氢、氧、氮等先组成小分子化合物核苷酸、氨基酸、脂肪酸与单糖，再由这些小分子化合物构成核酸、蛋白质、脂肪与多糖类等重要的生物大分子。这些生物大分子一般以复合分子的形式，如核蛋白、脂蛋白、糖蛋白与糖脂等组成细胞的基本结构体系。由于所有

长细胞

细胞在化学元素的组成，以及由这些化学元素组成的大分子、小分子和由大小分子组合成的两大系统上是相同的，所以细胞体积无论大小，结构无论复杂简单，形状无论长、方、圆，都有许多共同的基本特性，这些特性主要有以下几点。

1. 具有细胞（质）膜与细胞内膜系统

  所有的细胞表面均有由磷脂双分子层构成，并镶嵌有多种蛋白质，在部分磷脂和蛋白质分子上还结合有寡糖链的一层生物膜，即细胞（质）膜。细胞膜使细胞与周围环境相对隔离开来，保持相对的独立性，造成相对稳定的细胞内环境，并通过细胞膜与周围环境不断地进行物质能量交换和信号的转导。真核细胞除细胞膜外，在内部还演化出与细胞膜结构类似，但功能专一的各种精细结构，统称为细胞器。细胞膜与细胞内各种生物膜的

出现，为细胞和生命的存在奠定了基础。或许最早的生命形式就是偶然出现的一块生物膜。

2. 具有遗传信息的储存、复制与转录系统

众所周知，所有的细胞都含有两种核酸即脱氧核糖核酸 (DNA) 和核糖核酸 (RNA)。DNA 储存着每种生物的全部遗传信息，用密码子的形式将这些信息保存于分子结构之中。RNA 在将遗传信息进行复制、转录和表达过程中起作用。有愈来愈多的证据说明，在生命的起源过程中，RNA 起了主导作用，它比蛋白质分子和 DNA 分子的形成要早，就是说，RNA 可能是最早出现的生命大分子，而且是原始生命遗传信息的载体，以后的进化过程中才出现了 DNA 和蛋白质。

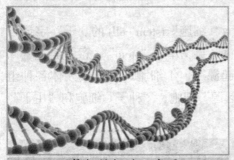
脱氧核糖核酸示意图

3. 有一套蛋白质合成的机器和运转系统

生命的表现形式是蛋白质，合成蛋白质的机器是核糖核蛋白体，运转系统则包括 DNA、RNA、各种酶和调控系统。这是任何细胞 (除个别非常特化的细胞外) 不可缺少的基本系统。

4. 细胞增殖时遗传物质保持不变

所有细胞的增殖都以一分为二的方式进行分裂，遗传物质在分裂前复制加倍，在分裂时均匀地分配到两个子细胞内，这是生命繁衍的基础与保证。

第二节 干细胞及其分类

什么是干细胞

"干细胞"(stem cell)的"干"字译自英文单词"stem"，意思是"树"、"干"和"起源"，干细胞即是形成人体各种组织器官的"起源"细胞、"种子"细胞和"主干"细胞。

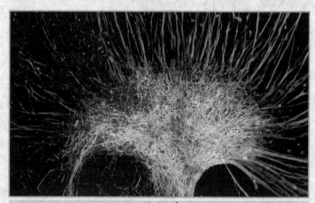

干细胞

你知道吗？

"干细胞"从何而来

"干细胞"一词最初是在 19 世纪的生物学文献中出现。1896 年，E.B.wilson 在论述细胞生物学的文献中第一次使用这个名词，当时人们认为干细胞只是能够产生子代细胞的一种较原始的细胞。

1961 年 Till 和 McCulloch 首先描述造血干细胞的特性在于具有多向分化潜能和自我更新能力。多向分化潜能和自我更新能力正是目前公认的干细胞的基本特征。

1967 年，美国华盛顿大学的托马斯发表报告称，如果将正常人的骨髓移植到病人体内，可以治疗造血功能障碍，自此开始了干细胞临床应用的研究。

正是干细胞自我更新特性的发现以及干细胞临床应用研究的发展，引发了现代医疗技术的一场革命！

干细胞技术是人类健康长寿的新希望！医学科学家指出：干细胞不仅是生物进化和发育的基本单位，也是组织和器官生长的基本单位，更是创伤和衰老时机体再生和修复的基本单位，干细胞的再生修复机制是生物界的基本规律。干细胞非凡的再生能力促使科学家们重新认识细胞生长、分化的基本生命原理，从而促使科学家们逐步揭开了人体患病机理和衰老机制的秘密。

利用干细胞具有的向所有器官的细胞分化转变的潜在能力，再生性和再造性的修复各种坏死性、损伤性、代谢性和退行性病变，用以恢复病损的、退化的组织器官结构和功能的一系列临床"干细胞移植治疗技术"和"再生保健技术"被称为再生医学。

目前，"干细胞移植治疗技术"和"再生保健技术"已经广泛应用于临床。

干细胞移植治疗技术

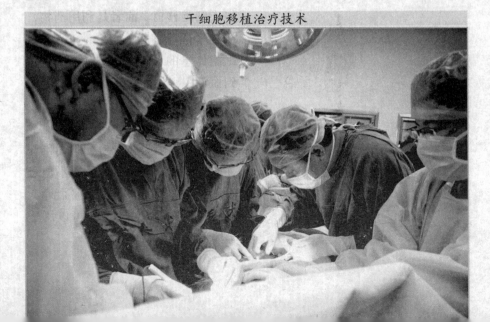

第一章 细胞与干细胞

干细胞的用途

干细胞的用途非常多，可以用于医学和基础研究的很多领域，我们一起了解一下干细胞的主要用途。

1. 干细胞的强大功能

最早的干细胞治疗是骨髓移植，开始实验性治疗是 20 世纪 60 年代，到 70 年代，异体骨髓移植已经在治疗血液系统疾病中得到了十分普遍的应用。但是因为配型不易，骨髓资源稀缺等种种原因，真正能够得到救助的病人屈指可数。20 世纪 80 年代，开始出现了自体造血干细胞移植的研究，就是先用化疗药物清除病人体内残存的癌细胞，然后再将事先提取的病人自己的骨髓细胞分选出"好"的细胞，采用特殊的培养体系，选择性地让正常的造血细胞生长，重新移植回病人的体内。在这样的条件下，虽然复发率较异体移植要高一点，但不存在配型和骨髓来源问题，所以应用得十分广泛。

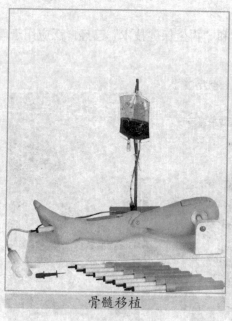

骨髓移植

随着科技的不断发展和对医学研究的进一步深入，之后又出现了外周血造血干细胞移植和脐带血造血干细胞移植。前者是利用药物，让本来待在骨髓等边缘池（造血干细胞休息的地方）的造血干细胞跑到血液中，然后再用特殊的机器将它们分离出来，用于移植。后者，则是在胎儿分娩时将脐带里的血液保存下来，因为脐带血细胞幼稚程度低，免疫原性也低，所以不但可以用于自体移植（保存在脐血库，需要用时再拿出来），还可以用于异体移植（造福他人）。

2. 干细胞的使用规范

利用干细胞进行再生医学的研究与治疗，有的是用人体细胞在体外培养后再植入人体为主的细胞治疗产品，还有单纯的移植用人体细胞或组织，甚至还有结合生物基质、人体细胞与生长因子于一身的组织工程医疗产品，它们都是人体细胞组织产品。它们根据来源不同，又可以分为自体、异体和异种移植产品。

干细胞移植治疗脑瘫

干细胞移植治疗脑瘫，是指经后分化的神经元补充缺损的神经元，并促进小儿脑组织中的神经干细胞分化发挥功能，恢复脑神经的正常生长发育，改善大脑认知功能障碍，为脑性瘫痪小儿进一步康复提供了更多的机会，已为现今最有效的治疗方法。并且年龄越小，再构成代偿能力越强，治疗的可能性就越大。

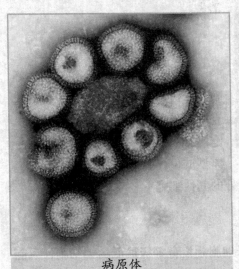

病原体

这些来源于人体细胞组织产品的生物学特性千差万别，而从药品、医疗器材的角度讲，也与其他药品、医疗器材完全不同。鉴于目前世界上干细胞治疗领域的迅速发展，美、欧各国都已经先后研究评估出了各自的管理机制。首先，是根据人体细胞组织产品的生物学特性来对产品进行分级和分类；其次，就是对这些产品的人类传染病及其病原体的筛查与监控，以及在处理过程中确保不受微生物污染。

概括而言，以干细胞为主的用于再生医学的人体细胞组织现在已经逐渐成为了一类"产品"，正在向产业化道路迈进。对这一类产品的监控，已经被各国法律提到了议事日程上来。

第一章 细胞与干细胞

干细胞的分类

按其分化潜能，干细胞可分为全能干细胞、多能干细胞和专能干细胞。

1. 全能干细胞

这种干细胞具有形成完整个体的分化潜能。人类的全能干细胞可以分化成人体的各种细胞，这些分化出的细胞构成人体的各种组织和器官，最终发育成一个完整的人。人类的精子和卵子结合后形成的受精卵就是一个最初始的全能干细胞，受精卵继续分化，在前几个分化过程中（桑葚胚阶段），可以分化出许多全能干细胞，提取出这些细胞中的任意一个放置到妇女子宫中，就可以发育出一个完整的人体。但是必须注意的是，受精卵的这种全能性会在受精后的第二周消失。

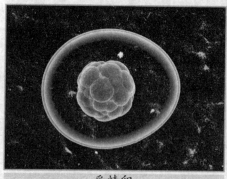

受精卵

2. 多能干细胞

这种干细胞具有分化出多种细胞组织的潜能，但却失去了发育成完整个体的能力，发育潜能受到一定的限制，骨髓多能造血干细胞是典型的例子，它可分化出至少十二种血细胞，但不能分化出造血系统以外的其他细胞。

3. 单能干细胞

也称专能或偏能干细胞。这类干细胞是发育等级最低的干细胞，只能向一种类型或密切相关的两种类型的细胞分化，如眼睛的角膜缘干细胞可自我复制，但只能分化为角膜上皮细胞，上皮组织基底层的干细胞、肌肉中的成肌细胞也是单能干细胞。

根据在个体发育过程中出现的先后次序不同，干细胞又可分为胚胎干

干细胞

红血球

白血球

血小板

造血干细胞

细胞和成体干细胞。

胚胎干细胞是具有发育全能性的细胞，可以定向分化为几乎所有种类的细胞，甚至形成复杂的组织和器官，由此在药物开发、细胞治疗和组织器官替代治疗中发挥着重要作用，并成为组织器官移植的新资源。

成体干细胞是出生后遗留在机体各种组织器官内的干细胞，成体干细胞是理想的医学临床治疗和研究的来源，因为它在临床应用中可避开免疫排斥问题、不会危及自身或第三者的生命，更不涉及法律限制和伦理道德禁忌。

生命不老的源泉：干细胞

第三节 干细胞的生存环境

 干细胞生存的微环境

在高等脊椎动物中，干细胞生存的微环境对维护干细胞自我更新、决定干细胞分化命运至关重要。干细胞在机体组织中的居所被称为干细胞巢，或小生境、壁龛。在干细胞巢中所有控制干细胞增殖与分化的外部信号构成了干细胞生存的微环境。在干细胞生存的微环境中，对干细胞影响最大的因素主要是分泌因子、细胞间相互作用和胞外基质。

干细胞群（中）

1. 分泌因子

分泌因子对干细胞的生存、增殖和分化具有重要的调控作用。这些具有调控作用的分泌因子包括局部的和远距离的分泌因子或信号。在众多的因子中，生长因子在干细胞分化的不同时期起着重要作用。

2. 细胞间相互作用

细胞与细胞之间的相互作用对干细胞命运的

调控具有重要意义。与干细胞相关的细胞间相互作用包括干细胞与干细胞之间，干细胞与其分裂后产生的子细胞之间，干细胞与周围细胞之间复杂的相互关系、相互作用和相互影响。

3. 胞外基质

胞外基质对维持干细胞的增殖、分化至关重要。例如整合素有将干细胞置于组织中正确位置的作用，否则干细胞会脱离生存环境而分化或凋亡。当干细胞的微环境发生改变（如损伤）时，细胞外某些信号通过整合素传递给干细胞，触发跨膜信号转导，调控基因表达。这一过程不仅可以改变干细胞的分裂方式，而且可激活干细胞的多分化潜能，使之产生一种或多种定向祖细胞以适应组织修复的需要。胞外基质还具有调节干细胞微环境中局部分泌因子浓度的作用。

 干细胞和组织干细胞

人们普遍认为胚胎干细胞是原始的干细胞，随着胚胎发育的进程，这些细胞因所处的环境发生改变，随之进行分化，形成组织干细胞。

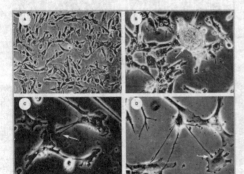

胚胎干细胞

受精卵细胞质植物极的某一特殊决定因子，在卵裂过程中，进入内细胞团中某细胞，在组织器官形成时，产生原始生殖系细胞，然后再由原始生殖系细胞产生生殖系干细胞，由生殖系干细胞进而分化产生生殖母细胞、配子。所以，机体通过一个可能的共同体干细胞产生各种组织特异性干细胞，然后再分化为组织细胞。干细胞的分化潜能随着胚胎发育的进程而相应变窄。在不同的发育阶段，具有处于不同"分化等级"并拥有不同"分化潜能"的干细胞。

干细胞存在的部位

在个体发育的不同阶段，存在着发育潜能不同的干细胞。在胚胎发育早期，对于人胚胎而言，在 8 ~ 16 细胞以前的胚体中每个细胞都具发育的全能性，可独立地产生完整的个体。发育至囊胚期，细胞开始有了差异。对于哺乳动物（包括人类）而言，囊胚期胚胎分化为滋养层和内细胞团，其全能性相对较低，细胞不能独立地发育为一个完整个体，但仍能分化为成体中所有类型的体细胞，属于多能干细胞。因此，从早期胚胎的内细胞团中分离的胚胎干细胞是多能干细胞。来源于已经分化为生殖系统生殖嵴的细胞也具有胚胎干细胞的特性，能分化成为身体所有类型的细胞，也是胚胎干细胞。随着细胞的分化，组织器官的形成，干细胞的数量逐渐减少，到成体阶段，尽管几乎所有的组织器官中都存在着干细胞，但数量极少。成体干细胞分布于组织的特定部分，居住在干细胞巢中，直到生命终结。因此，全能干细胞存在于桑葚胚以前的早期胚胎中，胚胎干细胞存在于内细胞团中，成体干细胞存在于组织器官中。例如，神经干细胞主要存在于侧脑室室管膜区、室下带、大脑皮层、小脑皮层、海马、纹状体、嗅球等部位；肌卫星细胞是一种肌组织干细胞，主要分布于肌纤维膜与基底膜之间；骨髓基质干细胞存在于骨髓腔；造血干细胞分布于骨髓腔、外周血、胸腺、脾、肝、脐带血等外周具有造血功能的组织器官中；上皮干细胞存在于皮肤表皮基底层毛囊隆突部、内管腔上皮组织中；肝干细胞分布于终末小胆管内。

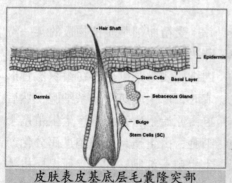

皮肤表皮基底层毛囊隆突部

你知道吗?

早期胚胎之桑葚胚

动物胚胎发育的早期阶段，一个受精卵经过多次分裂，形成具有数十至数百个细胞，这个细胞团组成的早期胚胎就是桑葚胚。桑葚胚是多细胞动物全裂卵的卵裂期，卵裂球形成团块状时期的胚胎，卵裂腔几乎没有或者很小。桑葚胚因其外形与桑实相似而得名。桑葚胚时期称为桑葚期。另外桑葚胚这一名称，对部分卵裂球处于相同发生阶段的胚胎也有使用。

有的成体干细胞与其周围细胞有明显的界线，特别是在低等生物，因此可以非常精确地通过形态和定位来分离和鉴定。而在哺乳动物，许多组织中的干细胞还难以被准确定位。

第四节 干细胞研究

人类胚胎干细胞研究

人类胚胎干细胞研究和应用的伦理争论，核心就在于如何看待人类胚胎的道德地位。

在关于干细胞的基本概念介绍中，我们知道了胚胎干细胞和成体干细胞功能的区别：胚胎干细胞大都处于原始未分化阶段，比成体干细胞可塑性大，用于治疗人类疾病时医疗安全性高，医疗效果显著，属于最为理想的用于临床治疗的干细胞。因此，科学家对胚胎干细胞研究知难而进，锲而不舍。

要进行人类胚胎干细胞研究，首先要解决胚胎干细胞的来源。目前，胚胎干细胞主要取自辅

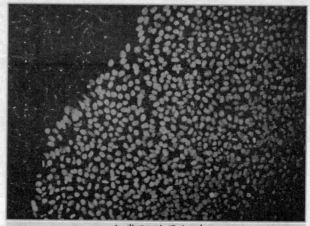

人类胚胎干细胞

助生殖，如体外受精时多余的胚胎、流产胎儿尸体的生殖细胞，以及核移植研究中创造的胚胎。但是，不论何种来源，总是会损坏甚至毁灭胚胎，这样就触及了如何对待人类胚胎的伦理问题。保守的、激进的和中庸的各种观点展开了一场激烈的伦理争论。

1. 反对胚胎干细胞研究的主要观点有：

第一，对人类胚胎干细胞的研究会损坏和毁灭胚胎，这有违人的尊严和基本人权。持保守态度的人，特别是西方国家一些宗教人士和反对堕胎团体人士认为，受精卵从诞生之初就是"人"的生命开始，作为胚胎形态的"人"，一开始就"具有人的潜质"和"具有完全的位格"。也就是说，从受精的那一刻起，受精卵就"具有完全的人的道德地位"。只要是"人"，其生命就神圣不可侵犯，就必须得到全社会的尊重和保护。所以，他们坚决反对人类胚胎干细胞的研究，坚持认为破坏人类胚胎就是毁灭生命，就是不道德的行为。

第二，对人类胚胎干细胞进行研究，就是把人类胚胎当工具，助长了将人类胚胎的"工具化"和"商业化"的风气。持该观点的反对者强调：人应该是研究的目的，不应该成为别人的"工具"和"手段"。从自愿流产的胎儿尸体中分离得到的生殖干细胞，由于尚处于未分化阶段，所以也具有"多能性"，用它治疗一些遗传疾病，可以达到根治的目的。但利用生殖(干)细胞做医学研究，也触及人类胚胎道德地位的争论。反堕胎人士认为，这种研究会导致堕胎率上升和人类胚胎"商业化"，甚至认为这种研究"无异于杀人"。美国前总统小布什在 2002 年发表的一段讲话令人印象深刻，他当时一再反对人类胚胎干细胞研究，说"这是为拯救生命而毁灭生命的行为"。

第三，为了人类胚胎干细胞的研究，去创造一个研究性胚胎，是违反"自然规律"。将体细胞细胞核移植到去核卵细胞内，由核质融合而产生的胚胎，就是克隆胚胎。保守派人士极力反对这一研究，认为克隆胚胎是非常错误和危险的。一方面，它"违反自然规律"，"行使了造物主上帝才有的权力"；另一方面，还容易引起"滑坡效应"，即出现滥用克隆技术，导致人类离开两性结合繁衍子孙后代，社会核心家庭解体，人类基因多样性受到威胁，人类自身价值和价值体系将会受到很大的冲击。

第一次克隆

多利羊诞生于 1996 年 7 月 5 日，1997 年首次向公众披露。它被美国《科学》杂志评为 1997 年世界十大科技进步的第一项，也是当年最引人注目的国际新闻之一。科学家认为，"多利"的诞生标志着生物技术新时代的来临。"多利"的诞生之所以轰动全世界，是因为它是世界上首例没有经过精、卵结合，而由人工胚胎放入绵羊子宫内直接发育成的动物个体。

2. 与此针锋相对，支持人类胚胎干细胞研究的主要观点有：

第一，早期胚胎不能说是"具有潜质的人"，也不能说是具有位格的位格人，只能说其具有发展为人的潜能。如果从受精卵起就是"人"，那么我们怎么来保卫这些未能着床而流失的胚泡呢？如果有"发展成人的潜能"的就是人，那么精子和卵子也有这方面的潜能，我们又该如何保卫呢？既然人类胚胎有一个启动和发育的过程，那只有生长发育到某个阶段的胚胎才具有人格地位。

第二，治病救人是医学最高伦理准则，为医学进步而开展胚胎研究是合乎伦理道德的。

随着当今医学科学的快速发展，人类大多数常见病特别是感染性疾病，都能得到治疗和有效控制，而许多疾病如帕金森病、多发性硬化、亨廷顿舞蹈症、癌症等仍缺乏根治的办法，全球成千上万的患者仍在痛苦中受煎熬。现在，科学家正在探索干细胞基因疗法，希望找到根治慢性遗传疾病的新途径。因此，支持这一研究的人士认为，出于治病救人的目的，在严格管控条件下积极开展人类胚胎干细胞研究，伦理道德上应是可以得到支持的。

支持者认为，只要经严格管理，加强伦理评审，牢牢掌握以下三个重要条件：研究目的应是为提高医疗技术造福大众；只在 14 天内的早期胚胎阶段进行实验；研究性胚胎不植入人和动物子宫生长发育，那么这种研究在伦理上是可以得到支持的。

干细胞疗法

人类对干细胞疗法的探索经历了一个漫长的过程，目前已取得了重大进展，一起来了解一下。

1. 如何获取干细胞

获取干细胞的渠道主要有三个：成人干细胞、脐带干细胞、胚胎干细胞。成人干细胞可以从骨髓或者外周系统提取。其中骨髓是干细胞的丰富来源，然而这个提取的过程会破坏骨髓，给承受者带来一定的痛苦。

成人干细胞

成人干细胞也可从外周系统提取，这可以避免伤害骨髓，但过程需要的时间较长。但它有优于脐带干细胞之处：首先，是数量不成问题；其次，提取出的细胞也不会存在 DNA 的差异，因此不会受人体排斥。

干细胞的第二大丰富来源是脐带。如果一个家庭准备在先，脐带细胞也可以提供完美的匹配。脐带细胞在怀孕的时候提取，作为一种保险措施，储存在低温的细胞库里，以备将来新生儿之用。这种细胞也可以用在新生儿的父母和其他人身上。但是血缘关系越远，细胞被免疫系统的抗体排斥的可能性就越大。

与成人细胞相比，脐带有着比较丰富的干细胞资源，而且可以预先储藏，以备未来之需。

2. 干细胞修补人体的三大突破

"干细胞"这一打造人体的"原始材料"，现在已经成为修补人体病变、损伤组织最合适的"补丁"。

突破一，造血干细胞可治疗多种疾病。

随着科学技术的进步，人们又发现造血干细胞在特定条件下可经诱导分化为其他细胞。

科学家们通过大量的实验还发现，从人的胎盘、骨髓、肌肉以及多种组织中都能获取干细胞。国内外在实验室条件下已经用各种干细胞培养出了神经细胞、脑细胞、新生血管、再生骨骼、再生声带等，给手术治疗植物人、瘫痪等神经系统疾病带来了一线希望。

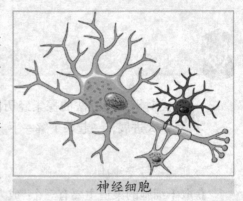

神经细胞

不仅如此，有人还成功地将骨髓造血干细胞转化成为肝细胞，这也就是说对肝功能衰竭病人的治疗将可能有新的治疗方法。

突破二，多能干细胞能克隆器官。

治疗性干细胞克隆是现在一种十分热门的方法，所谓治疗性克隆也就是说将患者的体细胞核移植到一个预先脱核的卵母细胞中，融合形成含有患者遗传信息的全能细胞，进一步发育成囊胚，然后取囊胚内细胞在体外定向培养产生多能干细胞。

但是值得注意的是，治疗性干细胞组织克隆技术由于还不成熟，卵细胞来源缺乏，胚胎干细胞分化机制还不清楚，而且涉及社会伦理观念等多种原因，所以在短时间内用于临床是难以实现的。

突破三，成人有望移植脐带血。

脐血中能够提供的造血干细胞是十分有限的，而成人移植过程中所需的造血干细胞较多，在这种背景下，目前脐带血移植主要用于儿童。

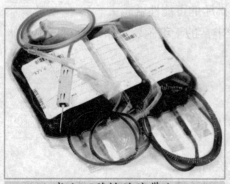

成人可移植的脐带血

现在，专家们正在进行干细胞扩增技术的研究，就是要使干细胞能够实现一个变多个。如此一来，成人脐带血移植中干细胞数量制约成功率的瓶颈问题就可以逐步得到解决。

3. 干细胞神奇的功能

干细胞是相对于分化的细胞来

说的，因为这种细胞具有全能的分化潜力。所以，它为医学的发展带来了曙光。

最基本的多能干细胞可以帮助我们进一步理解人类发育过程中的复杂事件。人体多能干细胞最为深远的潜在用途是生产细胞和组织，它们可用于"细胞疗法"。许多疾病及功能失调往往是由于细胞功能障碍或组织破坏所引起的。

如今，一些捐赠的器官和组织常常用以取代生病的或遭破坏的组织。但遗憾的是，受这些疾病折磨的病人数量远远超过了可供移植的器官数量。

你知道吗？

器官捐献

器官捐献是指自然人生前自愿表示在死亡后，由其执行人将遗体的全部或者部分器官捐献给医学科学事业的行为，以及生前未表示是否捐献意愿的自然人死亡后，由其直系亲属将遗体的全部或部分捐献给医学科学事业的行为。

干细胞经刺激后可发展为特化的细胞，这使替代细胞和组织来源的更新成为可能，从而用于治疗各类疾病、身体不适状况和残疾。毫不夸张地说，几乎没有哪个医学领域是这项发明没有涉及的。比如，健康心肌细胞的移植可为慢性心脏病病人带来新的希望，即使这些病人的心脏已不能正常跳动。

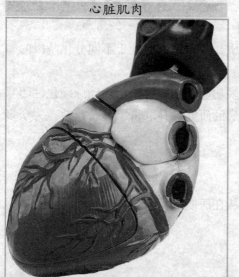

心脏肌肉

干细胞对早期人体发育的作用无疑是十分重要的，在儿童和成年人中也可发现专能干细胞。以我们最熟知的干细胞之一——造血干细胞为例，通常造血干细胞存在于每个儿童和成年人的骨髓之中，虽然也存在于循环血液中，但数量是十分稀少的。而在我们的整个生命过程中，造血干细胞在不断地向人体补充大量的红细胞、白细胞和血小

第二章 细胞与干细胞

板，而这些细胞在人体发展过程中又起着相当重要的作用。如果没有这些造血干细胞，我们就失去了性命，难以存活。

我们已经知道，干细胞是一类具有自我更新和分化潜能的细胞，它的发育受多种内在机制和微环境因素的影响。目前，人类胚胎干细胞已成功地在体外培养。

在胚胎的发生发育中，单个受精卵可以分裂发育为多细胞组织或器官。在成年动物中，正常的生理代谢或病理损伤，也会引起组织或器官的修复再生，胚胎的分化形成和成年组织的再生，是干细胞进一步分化的结果。

胚胎干细胞是全能的，具有分化为几乎全部组织和器官的能力，而成年组织或器官内的干细胞一般认为具有组织特异性，只能分化特定的细胞或组织。但是，这个观点目前受到了十分严峻的挑战。

4. 干细胞与血管性疾病

随着不断的实验研究，干细胞研究的一个重要进展是造血干细胞在血管疾病治疗中的应用。早在 100 多年前，就有人提出造血细胞和血管细胞来源于一个共同的干细胞——血液血管干细胞。

血液血管干细胞可以进一步发育、分化成血管干细胞，血管干细胞进一步分化增殖最终形成血细胞和血管两大系统。

通过近年来的研究人们得出，造血干细胞和血管干细胞的界限并不是十分明显。它们的功能十分相

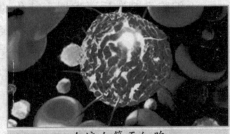

血液血管干细胞

似，而且两者能相互转化。究其本质，两者是一群处于不同分化阶段的多能干细胞。

我国学者在国际上曾多次开展多功能干细胞移植治疗动脉硬化性闭塞症、糖尿病足等重度下肢缺血性疾病的研究，并取得了显著疗效，为众多患者最大限度地减轻了截肢的痛苦。

5. 干细胞的移植疗程

一般情况下，干细胞移植都是从在医院进行身体检查开始的。然后，

在国际 GMP 标准（药品生产质量管理规范）的实验室里制备出所需的干细胞。

接着，这些干细胞送入医院。临床医生将依据患者的临床评估，将干细胞通过注射、介入等方法植入人体。一旦细胞到达"目的地"，这些细胞便具有修复组织细胞和恢复组织功能的能力。

在治疗后几个星期内，患者还不会看到或感觉到任何改变，当然也有部分患者可能很快就见到效果。在 1 个月内，有时需要 2 个月的时间，患者应该可以感觉到症状减轻，活动能力增强。其结果正如患者所希望的，改善了生活质量。依据每个病人的病情移植治疗时间需 3 ~ 4 周。

实际上，干细胞的移植安全性是很高的。那是不是所有的人都能进行干细胞的移植呢？

迄今为止，干细胞移植治疗还没有导致重大的副作用或不良反应。但任何一种疗法都可能会有副作用，所以无法肯定副作用不会发生。

你知道吗？

干细胞的伦理问题

干细胞的伦理问题主要因为胚胎干细胞的问题。当受精卵分裂发育成囊胚时，内层的细胞即为胚胎干细胞。胚胎干细胞具有全能性，可以自我更新并具有分化为体内所有组织的能力。但是，如果从胚胎中提取干细胞，胚胎就会死亡。因此，美国政府明确反对破坏新的胚胎以获取胚胎干细胞，但也有人认为，将干细胞用于医学研究，在减轻患者痛苦方面很有潜力。如果浪费这样一个绝好的机会，结果将是悲剧性的。

其实，干细胞移植不是所有的人都能适应的，下面的几种人群是不能实行移植的：高度过敏体质或者有严重过敏史者；休克或全身衰竭，生命体征不正常及不配合检查者；晚期恶性肿瘤者；全身感染或局部严重感染，需抗感染康复者；含心、肺、肝、肾等重要脏器的功能障碍者；凝血功能障碍，如血友病者；血清学检查阳性者，如艾滋病、乙肝、

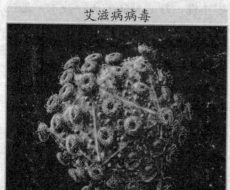

艾滋病病毒

梅毒等；染色体或基因缺陷，免疫功能缺陷者；极个别的期望值过高，或者不切合实际的要求者。

6. 干细胞与肿瘤、心脏治疗

（1）干细胞与肿瘤治疗

最近几年，干细胞的研究与应用为肿瘤治疗提供了新的思路，人们有可能从干细胞的角度找到彻底治愈恶性肿瘤的理想途径。事实上，在我国已经有首例基因干细胞移植治愈的癌症患者。

最近几年，人们提出的肿瘤干细胞学说认为：肿瘤起源于干细胞，肿瘤组织中存在干细胞。实践中，人们在多种肿瘤组织中找到了干细胞，这为根治肿瘤提供了新思路，即只有研究出以杀死肿瘤干细胞为目的的治疗策略，才能从根本上消除肿瘤。

（2）干细胞与心脏治疗

通常从30岁起，人的心肌便开始出现衰老现象，并逐步出现脂褐素沉积、散在性心肌变性、微血管梗死和脂肪变性等症状，心肌收缩力以每年1%的速度逐年递减。

医学界发现心脏肌细胞自身的再生能力很弱，一旦缺血损伤发生，

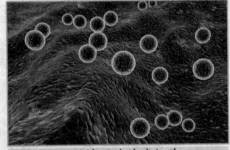

显微镜下的肿瘤细胞

就算随后恢复了血液供应和营养供给，已经死亡的心肌细胞也几乎不能再生。这种重要的生物特性决定了人类的心脏既重要又脆弱。

心脏和大脑必须每分每秒连续工作，一旦受损，就没有足够的修复能力！在传统医学中，还没有任何逆转变性坏死心肌的治疗方法。而利用干细胞治疗心脏，可修复心肌梗死等各种疾病，在恢复心脏结构功能上取得神奇的效果。这也是人类第一次拥有根本性治疗心脏病的医疗技术，是目前治疗心脏病的国际最高水平。

第二章　干细胞的增殖、分化与衰老

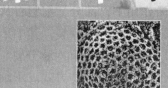

干细胞和其他细胞一样，也会经历增殖、分化和衰老。干细胞通过分裂的方式增殖，增殖到一定阶段，干细胞就会分化，形成各种专业化的干细胞，成熟的干细胞发展到一定阶段之后就会衰老直至死亡，下面就让我们一起来了解干细胞的生命历程。

第一节　干细胞的增殖

干细胞增殖与命运决定

干细胞的增殖不是一个孤立的事件。在正常情况下的组织发育中，干细胞可能面临多种命运的选择：处于静止状态、自我更新、增殖、分化或者凋亡。干细胞的各种命运决定于精细调控，各种命运之间的选择存在动态平衡，这种平衡的破坏对生物个体是有害的。

组织干细胞在体内环境中通常处于静止或慢周期的状态，即处于细胞周期的 G_0 / G_1 期。例如在没有压力的情况下，造血干细胞中有90%以上处于静止状态。在发育、损伤修复过程中，或者在某些因素的刺激作用下，部分干细胞将从静止状态重返细胞周期，进行细胞分裂，其中干细胞的分裂有两种形式：非对称分裂和对称分裂。非对称分裂是体内干细胞分裂的主要方式。干细胞通过非对称分裂完成自我更新，保持干细胞的数量，维持体内干细胞库的稳定，并进行机体的新陈代谢。对称分裂则是干细胞增殖的主要方式，是发育过程、损伤修复过程以及在生长因子的刺激作用下所进行的主要分裂方式。在干细胞的体外培养过程中，对称分裂是人们希望的方式，因为只有对称分裂才能使干细胞进行增殖，才能维持干细胞系的稳定传代。但是在正常的体内环境中，对称分裂不是一种理想的方式，而干细胞的过度增殖最终可能导致癌变。

经过细胞分裂之后，干细胞面临三种命运的选择：保持为干细胞、进行分化或发生凋亡。干细胞经过非对称分裂产生两个子代细胞，其中一个保留亲代特性，成为子代干细胞，而另一个则成为短暂增殖细胞。短暂增殖细胞进行有限次数的细胞分裂，沿预定途径进行分化，

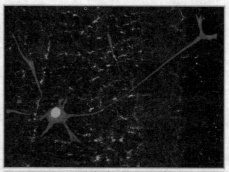

干细胞非对称分裂

并最终分化为终末分化细胞，执行各种功能。干细胞的分化潜能是干细胞的重要特性之一，干细胞的凋亡则是机体的自我保护机制之一。干细胞通过凋亡去除出现复制错误或受到损伤的细胞，防止转化的发生，避免细胞的癌变。

 ## 干细胞增殖的调节

干细胞的增殖受到高度的调节。在正常条件下，所有干细胞的基本特性之一就是能平衡细胞命运的决定，即在自我更新、分化以及凋亡等命运的选择中保持平衡。干细胞的增殖除了需要诱导干细胞的对称分裂，诱导细胞进入分裂 S 期外，还必须防止分化和凋亡的发生。

干细胞增殖

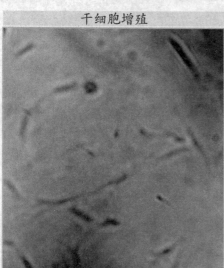

例如，睫状神经营养因子可抑制神经干细胞向胶质前体细胞的分化，从而可促进神经干细胞的增殖。另一方面，干细胞的不断分裂在某种程度上可以抑制细胞分化的发生；而当分化开始发生后，细胞的分裂增殖只能进行少数几次。例如，当胚胎干细胞分化时，细胞的 G\-1 期延长，细胞分裂速度减慢并且只能持续数天。

你知道吗？

认识我们的神经

神经主要由三大系统组成，即脑神经、脊神经、植物神经。各系统之间以脑神经为中心，分工协作，共同实现心理功能。按生理心理学定义，神经是由神经元构成的系统，即神经元系统，其中神经元就是神经这个系统基本的功能结构单位。

干细胞的这种动态平衡过程由各种外来的和内在的因素调节。外来因素包括干细胞巢中各种细胞因子、转录因子和胞外基质等，内在因素包括各种因子的受体和调节蛋白的表达以及端粒长度等。细胞通过对各种外来和内在的信号做出反应，指导单个细胞对增殖、分化或凋亡等命运的选择。

第二节 干细胞的分化

第二章 干细胞的增殖、分化与衰老

什么是干细胞分化

干细胞分化是指干细胞由非专业化的早期胚胎细胞形成"专业化"的细胞，如心脏细胞、肝细胞或肌细胞。自 1998 年第一次从内细胞团中分离到人的胚胎干细胞后，人们很快就认识到胚胎干细胞在再生医学中的潜在应用价值。随着科学的进展，人们把胎儿和出生后个体的不同组织中具有自我更新、多向分化潜能和增殖特性的细胞称为成体干细胞。目前研究表明，成体干细胞不仅对其所在的组织器官有重建和修复功能，而且对成体干细胞研究的突破性进展是发现在合适的条件下或给予合适的信号，成体干细胞可以分化为构建身体的许多不同的细胞，也就是说，干细胞有潜力发展为具有特征性形态和特殊功能的成熟细胞。

干细胞分化的特征

干细胞分化具有以下 3 个特征：

1. 多潜能性

不同的干细胞具有不同的分化潜能。如骨髓中存在着一种多潜能的间充质干细胞，其在体内

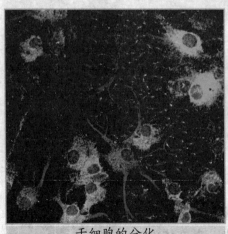

分布广泛，易分离，能在体外大量扩增，并具有很强的可塑性，除能在体内外诱导分化成骨、软骨、脂肪、神经胶质细胞以外，还能分化成包括血液、内皮、肝实质以及视网膜等细胞类型。

2. 可塑性

所谓干细胞的可塑性，是指成体干细胞在一定环境中可分化为其他各组织系统的细胞，实现跨系统甚至跨谱系的分化。1999 年，Goodell 实验室发现肌肉干细胞能在鼠体内分化形成血液细胞的实验在干细胞研究领域掀起轩然大波，同时也引起人们的疑问——发育过程中组织干细胞不能跨胚层分化的理论真的会被推翻吗？

中国医学科学院血液研究所曾建立了骨髓源间充质干细胞在体内分化为皮肤干细胞及皮肤的模型，并从蛋白质水平和基因水平对比进行了鉴定。2002 年，Verbally 实验室发现单个间充质干细胞在体内分化出了三个胚层的多种组织。这些发表在权威杂志上的大量实验数据让疑问变得逐渐清晰：组织干细胞确实具有很强的可塑性，具有多向分化潜能，而且这种分化潜能已经大大超出了人们的想象。

组织干细胞具有多向分化的潜能已经成为不争的事实。对成体干细胞的可塑性，主要存在以下几种假设：

（1）细胞的分化潜能来自成熟细胞的去分化，从而干细胞具有多向分化潜能。

（2）干细胞的分化潜能来自干细胞的转分化，即干细胞之间的转变。造血干细胞具有的多系分化潜能，是由于造血干细胞可转变为具有其他特征的干细胞如神经干细胞，后者可进一步分化为神经元或神经胶质细胞。

（3）最近，《Nature》上发表的两篇文章认为，干细胞的可塑性可能与细胞融合有关。有确凿的证据证明，来自骨髓的肝细胞主要是

干细胞的分化

通过细胞融合实现的，但这种融合的低概率与大量的实验现象之间存在着较大的差距。

（4）成体内存在具有多系分化潜能的干细胞。这些干细胞可能是在胚胎发育过程中残留在机体的不同组织器官中的胚胎干细胞，并在壁龛的作用下保持静息状态，而一旦其所存留的组织受到损伤需要修复时，在特定的微环境中可被激活并分化为所需的细胞。

3. 复杂性

干细胞分化的复杂性表现出多种多样，例如，胚胎干细胞已被用于在体外研究神经细胞、各系造血细胞和心肌细胞的起源及分化。研究人员希望能够控制体外培育的干细胞的分化方向，而现在人们却只能在实验室中观察干细胞的自发分化。迄今为止，触发和控制干细胞分化的机制仍不明了，这是一个非常复杂的过程，也是发育生物学和细胞生物学中最大的谜题之一。以神经元干细胞的分化为例，即使应用现有的功能最强的神经生长因子，也只能诱导所培养的神经元干细胞中的一半分化为神经元。

 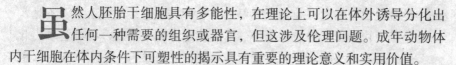

干细胞分化的意义

虽然人胚胎干细胞具有多能性，在理论上可以在体外诱导分化出任何一种需要的组织或器官，但这涉及伦理问题。成年动物体内干细胞在体内条件下可塑性的揭示具有重要的理论意义和实用价值。

组织干细胞具有多能性，通过体外定向诱导能分化形成某种组织或器官，应用于器官移植，应用这种组织干细胞进行自体移植还可以解决器官移植中一直困扰科学家的免疫排斥问题，因此组织干细胞的研究必将给人类健康带来无限希望。

造血干细胞的概念需更新，目前修正的造血干细胞的定义已经超越了简单的具有自我更新能力与多向分化潜能的细胞范畴。现在认为造血干细胞是人体内最独特的体细胞群，具有极高的自我更新能力，多向分化、重建长期造血的潜能以及修复损伤的能力；不仅是 CD34\++ / CD34\+- 细胞，而且还应考虑来自体内其他组织的干细胞，这些细胞在体外能长期培养和

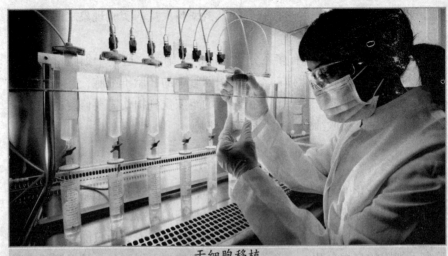

干细胞移植

扩增，增殖潜能强，因而有可能用于骨髓移植；造血干细胞和非造血干细胞移植有可能用于器官再生。但目前在研究上遇到一个很关键的问题，即如何使造血干细胞保持增殖能力而不分化。

胎盘造血干细胞的用途

你知道吗？

胎盘组织中造血干细胞的含量是脐带血中造血干细胞含量的8～10倍，可供小孩自用几次，甚至可提供给多个成人患者的治疗。胎盘造血干细胞移植能有效解决了骨髓或动员后外周血来源不足，脐带血中造血干细胞数量不够成人使用等技术难题，将有望取代骨髓、动员后外周血和脐带血用于异基因或同基因（小孩本人的）造血干细胞移植。

对成体组织干细胞可塑性的研究证明，干细胞的微环境对其转分化具有非常重要的作用，一些内在和外在的信号调节着这些干细胞的命运，这些将为干细胞的定向培养和应用带来新的前景。

在人类组织细胞工程中，如果细胞来源于自体的体细胞，将不再受组织相容性和伦理道德方面的限制。由于成体干细胞具有特殊的生物学多样性，特别是多向分化潜能，而且成体干细胞的转分化常发生于病理情况下，干细胞先是向病理部位迁移，成为病理部位的前体细胞，并分化为终未成

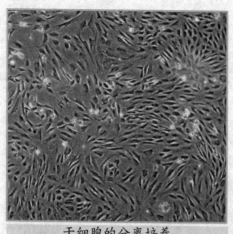
干细胞的分离培养

熟细胞，因此不仅可利用干细胞来修复组织的损伤，而且可以把它作为多种疾病细胞替代治疗和基因治疗的理想载体。目前基因工程和组织工程的热点之一就是深入了解干细胞的生物学特性及其与新型生物材料的相互作用，探讨成体干细胞的分离、纯化技术，以及体外三维立体培养和定向诱导分化的条件，希望在体外诱导培养出有功能的组织或器官，用于临床组织器官损伤、遗传缺陷性或退行性疾病的治疗。

干细胞是具有多能性维持和分化潜能的细胞。多能性维持表现在干细胞的自我更新以及增殖方面；分化潜能表现为干细胞向祖细胞的演进以及祖细胞最终分化为系分化细胞或终末分化细胞。在此期间，部分分化过程需要经过前体细胞的进一步放大。自我更新是分化的基础，若没有更新的增殖，分化则是短期的，因为干细胞池的减小和终末分化细胞的凋亡最终会影响系细胞的平衡。干细胞的分化受干细胞微环境中的细胞因子、细胞分泌信号、自身顺式作用元件和反式作用元件等因素综合调控。

 干细胞分化的决定

Stoffel 等认为，经过由细胞因子受体激活的信号转导途径只是提高了干细胞的增殖和存活能力，并不能决定细胞向某系的分化。干细胞向某系的分化主要决定于核内调节因子，即细胞核决定了干细胞的分化。锌指蛋白 OAfA-1 和 GATA-2 在系特异性分化中可促进干细胞的成熟和分化。对造血干细胞，GATA-2 在祖细胞中高表达，随分化而下调。强制表达 GATA-2 会抑制多能祖细胞向定向红系祖细胞的发育。可能 GATA-1 不同的表达水平可调控造血干细胞的分化方向，以及活化红系和巨核系细胞的分化、成熟，而关闭了在正常情况下不

第二章 干细胞的增殖、分化与衰老

表达的对侧谱系，且呈现浓度依赖性：高表达时分化为巨核系，中表达时分化为嗜酸性细胞，低表达时不能成熟。

也有研究者认为，在表现出分化标志前，分化已经决定并开始表达。用基因诱捕发现，在未分化的胚胎干细胞中，系特异性基因就已经存在低水平的表达，用 PCR 可以

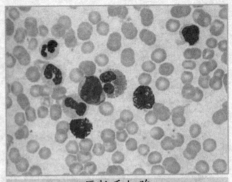

巨核系细胞

检测到组织特异基因的转录。一部分人认为系特异性基因参与了干细胞的分化决定，但分化启动还需要其他信号的协同或加强；另一部分人则认为细胞核内存在随机、微量的转录，这是细胞的正常生理状况。但是，在体内或体外培养中，信号物质，特别是细胞因子参与并促进了干细胞的增殖、分化。细胞的微环境主要体现为细胞因子组成的复杂调控网络。细胞因子的作用表现为干细胞的自我更新（系细胞库的长期稳定）、分化的刺激及抑制、祖细胞和前体细胞的增殖放大等。

另一种对干细胞分化有决定意义的因子是转录调控因子，转录因子相互拮抗作用的平衡直接决定了干细胞是增殖或是分化。在脊椎动物中，转录因子对干细胞分化的调节非常重要。比如在胚胎干细胞的发生中，转录因子 OCT4 是必需的。OCT4 是一种哺乳动物早期胚胎细胞表达的转录因子，它诱导表达的靶基因产物是 FGF-4 等生长因子，能够通过生长因子的旁分泌作用调节干细胞以及周围滋养层细胞的进一步分化。OCT4 缺失突变的胚胎只能发育到囊胚期，其内部细胞不能发育成内层细胞团。另外，

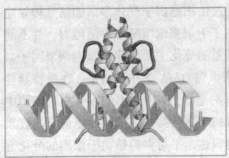

转录调控因子

白血病抑制因子（LIF）对培养的小鼠胚胎干细胞的自我更新有促进作用。又如 Tcf／Lef 转录因子家族对上皮干细胞的分化非常重要。Tcf/Lef 是 Wnt 信号途径的中间介质，当与 β-catenin 形成转录复合物后，促使角质细胞转化为多能状态并分化为毛囊。

衰老的细胞与分子机制

衰老又称老化，通常指生物发育成熟后，在正常情况下随着年龄的增加，机能减退；内环境稳定性下降，结构中心组分退行性变化，趋向死亡的不可逆的现象。衰老和死亡是生命的基本现象，衰老过程发生在生物界的整体水平、种群水平、个体水平、细胞水平以及分子水平等不同的层次。生命要不断地更新，种族要不断地繁衍，而这种过程就是在生与死的矛盾中进行的。至少从细胞水平来看，死亡是不可避免的。人类寿命有无极限？极限是多少？研究表明：哺乳动物自然寿命为生长发育期的 5 ~ 7 倍，借此推论，人类完成生长发育约在 20 ~ 22 岁，自然寿命应是 100 ~ 150 岁；哺乳动物的自然寿命为性成熟的 8 ~ 10 倍。

Hayflick 认为：人体细胞可进行 50 次左右有丝分裂，每次细胞周期为 2 ~ 4 年,根据细胞传代次数来推算，人类的平均寿命应是 120 岁左右。按照人的性成熟期计算，人类的最高自然寿命应是 112 ~ 150 岁；按照哺乳动物的寿命生长期计算，人类的自然寿命为 100 ~ 175 岁。

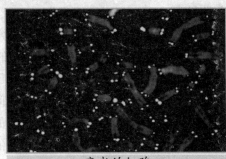

衰老的细胞

人体的自然寿命约 120 岁，而组成人体组织细胞的寿命有显著差异，根据细胞的增殖能力、分化程度、生存时间可将人体的组织细胞分为 4 类。①更新组织的细胞：执行某种功能的特化细胞。经过一定时间后衰老死亡，由新细胞分化成熟补充，如上皮细胞、血细胞。构成更新组织的细胞可分为 3 类：a. 干细胞，能进行增殖，又能进入分化过程。b. 过渡细胞，来自干细胞，是能伴随细胞分裂趋向成熟的中间细胞。c. 成熟细胞，不再分裂，经过一段时间后衰老和死亡。②稳定组织的细胞：是分化程度较高的组织细胞，功能专一。正常情况下没有明显的衰老现象，细胞分裂少见，但在某些细胞受到破坏丧失时，其他细胞也能进行分裂，以补充失去的细胞，如肝、肾细胞。③恒久组织细胞：属高度分化的细胞。个体一生中没有细

第二章 干细胞的增殖、分化与衰老

胞更替，破坏或丧失后不能由这类细胞分裂来补充，如神经细胞、骨骼细胞和心肌细胞。④可耗尽组织细胞：如人类的卵巢实质细胞，在一生中逐渐消耗，而不能得到补充，最后消耗殆尽。

衰老是机体在退化时期生理功能下降和紊乱的综合体现，是一种不可逆的生命过程。人体是由细胞组织的，组成细胞的化学物质在运动中不断受到内外环境的影响而发生损伤，造成功能退行性下降而老化。细胞衰老是细胞在正常环境条件下发生的功能减退，逐渐趋向死亡的现象。衰老是生物界的一种十分普遍的规律，细胞作为生物有机体的基本单位也在不断地新生和衰老死亡。衰老是一个缓慢发生的过程，这一过程的长短即细胞的寿命，它随组织种类而不同，同时也受环境条件的影响较为明显。

机体衰老

我们通过对细胞衰老的研究可了解衰老的一些规律，对认识衰老和最终找到推迟衰老的方法都有举足轻重的意义。探索发生衰老的原因和机制，寻找推迟衰老的方法，最根本目的在于延长生物（人类）的寿命。细胞衰老问题不仅仅只是一个重大的生物学问题，而且也是一个关系重大的社会问题。随着科学发展而不断阐明衰老的过程，人类的平均寿命也将得以最大限度地延长，但同时也会引发相应的社会老龄化问题以及心血管病、脑血管病、癌症、关节炎等老年性疾病发病率上升的问题，从某种程度上来说，衰老问题的研究是今后生命科学研究中的一个重要课题。细胞衰老是事实存在的，他和新陈代谢一样是细胞生命活动的客观规律。对多细胞生物而言，细胞的衰老和死亡与机体的衰老和死亡是两个完全不一样的概念，机体的衰老并不等于所有细胞的衰老，但是细胞的衰老又是同机体的衰老息息相关的。

生物体内的绝大多数细胞都要经过未分化、分化、衰老、死亡等几个阶段，可见细胞的衰老和死亡也是一种正常的生命现象。我们知道生物体内每时每刻都有细胞在衰老和死亡，同时又有新增殖的细胞来代替它们。例如，人体内的红细胞，每分钟要死亡数百万至数千万之多，同时又能产生大量的新的红细胞递补上去。近半个世纪以来，生物学家通过大量研究表明，细胞衰老实际上是它的一种重要的生命活动，但是这一观点在 20 世纪 60 年代初由 Hayflick 等的研究和实验而受到了猛烈的冲击。100 年前，魏斯曼曾提出种质不死而体质会衰老和死亡的学说，后来，Carrel 和 Ebefing 认为细胞本身不会衰老，衰老是由于环境的影响造成的。特别是在 20 世纪 40 年代，由于 HeLa 细胞和 L 系小鼠细胞系的建立，人们曾经认为培养细胞可以无限地生长分裂，这就是细胞"不死性"的观点。根据这些观点，细胞本身没有衰老和死亡，衰老只是一种多细胞现象，多细胞衰老是由于体内外环境的影响。直到上世纪 60 年代初，Hayflick 等的出色工作对细胞不死的观点彻底动摇了。1961 年 Hayflick 等研究发现，培养细胞是有一定寿命的，它们的增殖能力有一定限度，在一个范围常数之内——Hayflick 常数，又称 Hayflick 界限。例如从胎儿肺得到的成纤维细胞可在体外传代 50 次，而从成人肺得到的成纤维细胞只能传 20 次，可见细胞的增殖能力与供体年龄有关。Hayflick 还发现不同寿命生物的胚成纤维细胞在体外传代的次数不同。例如 Galapagos 龟的平均寿命为 175 岁，其培养细胞传代达 90 ~ 125 次；小鼠平均寿命为 3.5 年，其细胞培养仅传 14 ~ 28 次。这些表明细胞在体外的传代次数与生物机体的寿命有关，寿命越长，传代次数越多。Hayflick 巧妙地设计实验，进一步证明了决定细胞衰老的因素在细胞内部，而不是外部环境。通过细胞衰老的研究，可了解衰老的某些规律，对认识衰老和最终找到推迟衰老的方法都有重要意义。

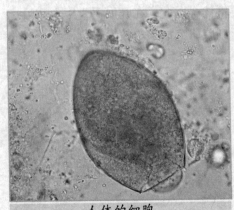

人体的细胞

随着对于细胞研究的深入及所取得的成绩，人们可以用干细胞理论来解释个体寿命的长期性与功能细胞寿命短期性的关系，即从一个受精卵（全能干细胞）发育成由细胞数量庞大、种类繁多、组织结构复杂的个体后，大多数功能细胞成为不能再分裂增殖的细胞。这些细胞的寿命都是有限的，它们在执行生理功能的过程中或在各种病理因素的作用下会逐渐衰老、损伤，最终死亡。同时受精卵在早期分裂的过程中就保留了一部分未分化的干细胞，使它们存留在各种功能组织中，通过

第二章 干细胞的增殖、分化与衰老

它们在生命过程中继续不断地增殖、分化，补充功能细胞的丧失。

你知道吗？

细胞分裂

细胞分裂是一个细胞分裂为两个细胞（极少情况下分为更多细胞）的过程，它是细胞繁殖的方式。分裂前的细胞称母细胞，细胞分裂后形成的新细胞称子细胞。细胞分裂通常包括核分裂和胞质分裂两步。在核分裂过程中母细胞把遗传物质传给子细胞。在单细胞生物中细胞分裂就是个体的繁殖，在多细胞生物中细胞分裂是个体生长、发育和繁殖的基础。1824年普雷沃斯特和仲马描述了蛙的卵裂，可能这是最早看到的细胞分裂现象。

干细胞是具有高度自我更新和多向分化潜能的细胞群，即干细胞可以通过分裂维持自身数量的恒定和其生物学特性，同时又可进一步分化为各种组织细胞，修复组织损失，维持机体生理平衡。干细胞研究的新成果也为更加深刻地理解机体的衰老机制提供了有力依据。科学家提出：干细胞是研究细胞衰老极其重要的模型，寻找重新激活干细胞的方法和调控其靶向分化不仅有重大的科学意义，而且在预防老年疾病和治疗退行性疾病中有不可估量的临床价值。治病不如防病，防病不如抗衰老已成为大家的共识。老年人是未来干细胞应用的主要群体，因此，在开展再生医学和治疗衰老相关疾病上，应高度关注利用干细胞研究成果与技术进行延缓衰老的研究。

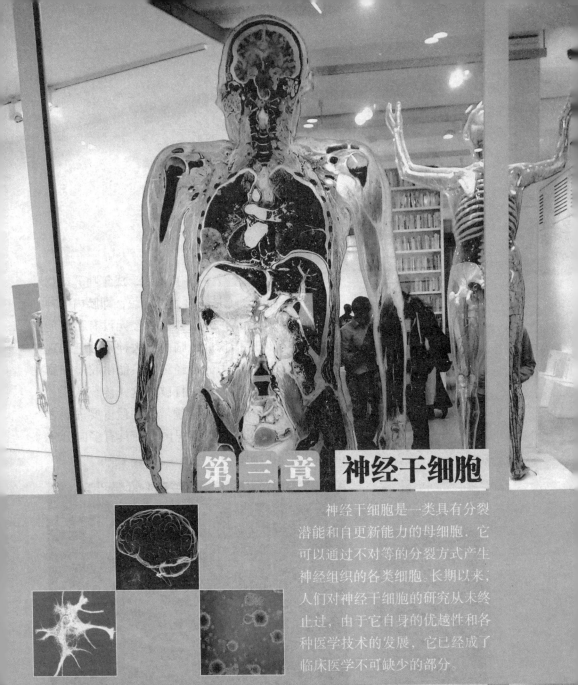

第三章 神经干细胞

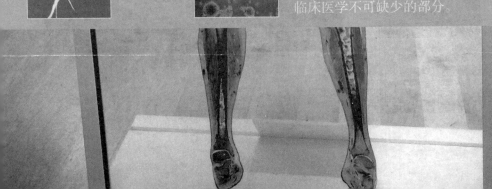

神经干细胞是一类具有分裂潜能和自更新能力的母细胞，它可以通过不对等的分裂方式产生神经组织的各类细胞。长期以来，人们对神经干细胞的研究从未终止过，由于它自身的优越性和各种医学技术的发展，它已经成了临床医学不可缺少的部分。

第一节 神经干细胞的发现

长期的努力

长期以来，人们一直认为，成年哺乳动物神经系统是非再生性组织，即脑内的神经细胞是终生存活的，成熟的神经元没有再生能力。成年个体脑损伤后，脑内失去神经细胞的现象也是永久的，失去的神经细胞只能由胶质细胞所充填。然而近年的研究打破了这一传统认识。20年代末，在神经生物学领域内的最重要进展之一，就是发现在成年脑组织内存在具有多向分化潜能的神经干细胞。

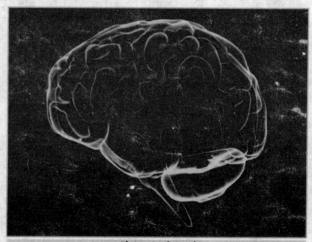

神经胶质细胞

发现过程

1992 年，Reynolds 和 Weiss 等首次利用 Neurosphere 法成功地从成年小鼠的纹状体分离出了神经干细胞，这种细胞具有自我更新和分裂增殖能力，可以分化为神经系统大部分类型的细胞，对损伤和疾病具有反应能力。1995 年，Gage 等在黏着性基质涂布的培养板上对成年大鼠海马组织进行传代培养，也成功地获得了成年大鼠海马来源的神经干细胞克隆。1994 年，Kirschenbaurn 等将手术中从癫痫患者脑内取出的海马和脑室壁组织进行培养，结果发现了具有自我复制能力和多向分化潜能的神经干细胞。1998 年，日本学者 Okano 和美国康奈尔大学的 Goldman 合作，以 Musashi 作为标记物，在成人脑组织（主要来自于侧脑室外侧的脑室下带）中证实了神经干细胞的存在。同年，Pincus 等也报道了在成人脑的室下区存在具有自我复制能力和多向分化潜能的神经干细胞。1999 年，瑞典卡罗林斯卡研究所的 Johnasson 等利用 DIL 和逆转录病毒标记法成功证实，成年哺乳动物脑室管壁的室管膜细胞就是神经干细胞，其具有神经干细胞所具有的生物学特性。与此同时，美国洛克菲勒大学的 Doetsch 等报道，成年哺乳动物脑内室下区的星形胶质细胞是具有自我复制能力和多向分化潜能的神经干细胞。2000 年，我国学者也相继分离到神经干细胞，从而证实神经干细胞在成年哺乳动物或胚胎中枢神经系统内广泛存在着，但其确切的细胞来源至今尚不明确，有待于今后的进一步研究。

继脑神经系统内成功地分离到神经干细胞后，Weiss 等于 1996 年首次报道从成年哺乳动物脊髓内也分离到了神经干细胞。此种细胞与先前从前脑室管膜下层分离到的能够在含有 EGF 的培养基内增殖的

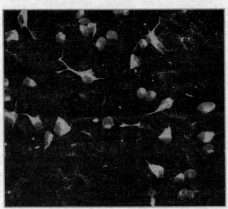

小鼠胚胎大脑半球神经干细胞电镜图

神经干细胞不同，其在 EGF 存在的条件下培养未形成典型的细胞团块，而在 bFGF 存在下形成了非常小的不能更新和扩增的细胞团，只有在 EGF 和 bFGF 共同存在的条件下才能产生具有自我更新和扩增能力的细胞团。这表明，脊髓源神经干细胞在增殖分化调节方面与脑源性神经干细胞有明显的不同之处。Johnasson 等观察了室管膜细胞在脊髓损伤后的变化。他们发现，当脊髓损伤后，室管膜细胞通过不对称分裂而增殖，产生新的神经干细胞，这些细胞在一些未知因子（包括趋化因子）的作用下，向损伤部位移动，并转化为星形胶质细胞，形成瘢痕组织，完成对损伤的修复。由此可见，脊髓损伤后产生的微环境存在着某种调节机制，其能够促进神经干细胞向星形胶质细胞分化，而抑制其向神经元细胞分化。因此，重建损伤脊髓局部的微环境，以诱导神经干细胞向神经元细胞分化，成为今后脊髓损伤后功能重建研究的重要内容。

神经干细胞的分离、培养及鉴定

目前，已成功地分离到人、小鼠以及大鼠的神经干细胞。一般取 3 ~ 4 月龄水囊引产的人胚胎纹状体或怀孕 14 ~ 16 天的小鼠或大鼠胚胎大脑或皮层组织，机械分离制作单细胞悬液，以一定的密度接种于含有 "B27 和 bFGF" 或 "EGF 和 bFGF" 的 DMEM/F12 无血清培养基中，置于培养箱中培养。5 ~ 7 天后细胞长满瓶底的大部分，用橡皮刮机械分离克隆制作单细胞悬液传代培养。原代培养的细胞 24 小时内自动聚集成团，这是神经干细胞在体外培养过程中的一个重要特征，细胞经过 2 ~ 3 代的无血清培养后，部分细胞死亡，存活的基本上（大于 90%）都是神经干细胞。在形态上，神经干细胞异质性大，但大多呈梭形，两头有较长的神经突起。

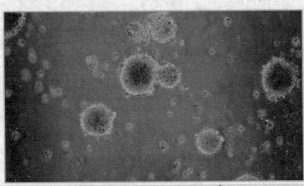

体外神经干细胞的培养

第二节 神经干细胞的分离、培养和鉴定

第三章 神经干细胞

细胞的保镖——血清

血清，指血液凝固后，在血浆中除去纤维蛋白分离出的淡黄色透明液体或指纤维蛋白已被除去的血浆。其主要作用是提供基本营养物质、提供激素和各种生长因子、提供结合蛋白、提供促接触和伸展因子使细胞贴壁免受机械损伤、对培养中的细胞起到某些保护作用。

神经干细胞的标记蛋白有 Nestin、波形蛋白、RNA 结合蛋白 Musashi 以及 RC\-1 抗原等。Nestin 常用作神经细胞的鉴定标志，属于中间丝蛋白家族，只在多潜能的神经外胚层细胞表达，随着神经上皮的分化成熟逐渐消失，其功能尚未完全明确，据相关人员推测，可能与其他家族成员相似，具有结构和信息传递的功能。Nestin 分布在细胞质中，免疫组化法染色可以观察到细胞质中广泛地表达。

 神经干细胞的分布

有大量证据表明，胚胎或成年哺乳动物脑内均存在有自我更新和多向分化潜能特性的神经干细胞。胚胎神经的发生过程中，神经干细胞在神经管壁增殖，新生的细胞沿放射状纤维迁移至脑的特定位置。神经管腔最终形成成年脑的脑室系统。神经生发层是指发育中的脑室区和脑室下区以及成年脑的室管膜区和室管膜下区。运用携带标记基因的逆转录病毒感染胚胎内脑室区神经干细胞，研究其分布、迁移及分化，发现神经前体细胞可分化为神经元、胶质细胞和细胞系限制性的前体细胞，这些细胞系限制性的前体细胞可再分化为神经元和（或）星形胶质细胞和（或）少突胶质细胞。分离成年哺乳动物脑内各区域细胞并进行体外培养，证实成年脑内神经干细胞的分布是相当广泛的，广泛分布于室下区、纹状体、脊髓等处。

神经干细胞的分化潜能

神经干细胞也是干细胞工程研究的主要对象之一，神经干细胞存在于胚胎和成人脑组织及外周神经系统中。在生长因子、激素和微环境因素的作用下，神经干细胞可以分化为神经元、星形胶质细胞和少突胶质细胞。通过相关实验进一步表明，神经干细胞在体外稳定传代几年后植入成人脑内仍具有分化为神经细胞的潜能。更令人振奋的是，神经外胚层来源的神经干细胞也能分化成中胚层来源的细胞。20世纪六七十年代就有报道表明脑内存在肌纤维。以后又有报道表明正常人脑组织细胞和脑肿瘤病人脑组织细胞均可分化为骨骼肌细胞；也有实验表明，胚胎脑组织细胞也可分化为肌管，这可能与一小部分成肌细胞在原肠胚形成初期定位于中胚层和外胚层交界处有关。后来，经过不断发展，神经干细胞分化潜能的研究又有重要的发现。Bjornson等将标记的小鼠胚胎或成年小鼠脑神经干细胞植入经放射线亚致死量照射的受体鼠，结果在受体鼠体内发现有供体神经干细胞来源的造血细胞，其中有髓系、淋巴系以及早期造血干细胞。这就为治疗血液性疾病提供了新的途径。Kondo和Raff报道，细胞外信号能够诱导少突胶质细胞的前体细胞逆转为多潜能神经干细胞，逆转后的神经干细胞具有自我更新的能力，可以分化为神经元、星形胶质细胞、少突胶质细胞。这种逆转现象在血液系统也有发生，成年造血干细胞在胎儿造血微环境下表现出类似于胚胎造血干细胞的特性。这些确凿的实验证据均表明神经干细胞具有多向分化潜能。

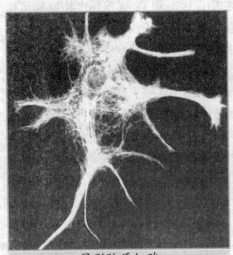

星形胶质细胞

第三节 神经干细胞的临床应用

 脑内移植的历史

在成功地分离到神经干细胞以前，人们就在脑内移植方面作了许多十分重要的探索工作。1890 年 Thompson 首次将猫的大脑皮层组织移植到成年狗的大脑皮层内，开创了脑内移植之先河。受这一启发，此后的脑内移植研究一直连续不断，并取得了不少成果。1924 年 Faldino 将啮齿类动物胚胎中脑组织移植到动物的眼球前房，以观察脑组织的存活和分泌特性；1926 年 Sbltai 提出了脑是免疫特区的概念；1969 年 Wenzed 进行小脑皮层移植实验成功；1976 年 Cund 等用电镜研究了移植物与宿主脑之间的突触生长。这些都促进脑内移植的发展，但许多工作仍停留在实验动物阶段。直至 1982 年，瑞典的 Backlund 和 Olson 采用自体肾上腺髓质移植至大脑尾状核头部治疗帕金森病获得成功，才真正进入了临床治疗阶段。由于此技术先进，近期疗效肯定，对后来的研究产生了很大影响。在此后的十几年里，可以说是脑内移植最繁荣的时刻，在移植物种类的应用、移植方法、病例的选择等方面，都进行了大胆的尝试和创新。如移植方法有自体移植、同种异体移植、异体移植、同源移植等；移植组织曾先后选用中脑黑质、蓝斑、海马、下丘脑、肾上腺髓质、大脑皮层、小脑组织、垂体腺、交感神经节、颈动脉体、胰岛 β 细胞等；移植物的形式采用过组织小块、混悬液、细胞等埋藏

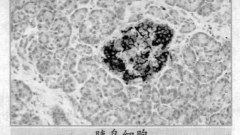
胰岛细胞

或注射；在病例的选择上先后应用于帕金森病、扭转痉挛、脑萎缩、脑血管病后遗症、垂体性侏儒、癫痫、脊髓损伤、席汉氏病、糖尿病、小脑萎缩、精神病、脑外伤后遗症等，据报道皆获得一定的近期疗效。但不能回避的事实是：①所报道的病例疗效皆缺乏评价疗效的客观标准和相应基础研究的依据；②缺乏长期疗效的观察，有的显示远期效果不佳，原因是排异反应和存活、生长的难题尚难克服；③胚胎脑组织的应用有其优点，亦有其不足，如胎儿脑细胞移植治疗帕金森病确有明显的效果，但一名患者就需 5 ~ 10 个人工流产的胎儿。这不仅造成供体来源困难，而且面临伦理学的问题。

 神经干细胞与组织修复

以往脑内移植或神经组织移植研究的进展较为缓慢，主要受到胚胎脑组织的来源、数量以及社会法律和伦理等方面的限制。神经干细胞的存在、分离和培养成功，尤其是神经干细胞系的建立可以无限地提供神经元和胶质细胞，解决了胎脑移植数量不足的问题，同时避免了伦理学方面的争论，为损伤后进行替代治疗提供了充足的材料。研究表明，干细胞不仅有很强的增殖能力，而且尚有潜在的迁移能力，这一点为治疗脑内因代谢障碍而引起的广泛细胞受损提供了理论依据，借助于它们的迁移能力，可以避免多点移植带来的附加损伤。除此之外，神经干细胞移植也为研究神经系统发育及可塑性的实验研究提供了观察手段，为进一步临床应用提供了理论基础。

以目前的条件，诱导干细胞向具有合成某些特异性递质能力的神经元分化尚未找到成熟的方法，利用基因工程修饰体外培养的干细胞是这一领域的又一重大进展；另外已经发现许多细胞因子可以调节发育期甚至成熟神经系统的可塑性和结构的完整性，将编码这些递质或因子的基因导入干细胞，移植后可以在局部表达，同时达到细胞替代和基因治疗的作用。

许多向发育中或成年中枢神经系统内植入胚胎神经组织的实验已经证明，某些部位的神经母细胞或分裂后的幼稚神经元能够部分重建神经环路及其功能，这些在帕金森病和舞蹈症动物模型的研究方面似乎更为有效。

051

第三章 神经干细胞

由于目前已经能够从发育中甚至成年中枢神经系统组织分离出具有多潜能祖细胞或干细胞特性的细胞来，因此可以将这些细胞在体外扩增培养后直接植入神经系统的损伤或病变部位，分化为神经元、星形胶质细胞、少突胶质细胞，进而缓解或修复损伤。研究更深入的另一种应用途径是将体外分离的神经干细胞培养为永生化的神经祖细胞系，使之成为合适的体外转基因载体。事实证明，将这些能够表达各种外源性基因的载体植入发育中或损伤的中枢神经系统后，可以产生很有意义的影响及治疗作用。所谓永生化就是将细胞总是处于连续的细胞周期内而阻止其老化进程。可以通过多种方法使细胞永生化，最常用的方法是采用编码致癌蛋白的外源性遗传信息，myc、neu、p53、腺病毒 E1A 和 SV40 的大 T 抗原等基因均被用作对来自不同脑部细胞的永生化，其中以 u-myc 和大 T 抗原基因最为常用。特别是大 T 抗原的突变等位基因，即癌蛋白的 tsA58 温度敏感型基因，具有极好的性能，它能在细胞培养条件的温度下保持稳定，在体内温度情况下降解。所形成的永生化细胞其生物学特性类似于细胞系，但无论在体外还是体内都不会转化。这些细胞作为脑内植入和基因转移载体而使用有许多优点：它们能自我更新并能在培养中增殖，易于表达外源性基因，可被分离成单一的克隆，在体内不易改变其类似干细胞或先祖细胞的特性。因此已经较多用于神经再生和转基因体内实验。

你知道吗？

多细胞生命的主要成员

动物是多细胞真核生命体中的一大类群，称之为动物界。动物是生物界中的一大类，一般不能将无机物合成有机物，只能以有机物（植物、动物或微生物）为食料，因此具有与植物不同的形态结构和生理功能，以进行摄食、消化、吸收、呼吸、循环、排泄、感觉、运动和繁殖等生命活动。

总之，人们通过不断的实践证明了神经系统内多潜能干细胞的存在并分离培养成功，对于中枢神经系统发育成熟后不可能再生的理论提出了挑战，为神经系统损伤修复和退行性病变的细胞替代治疗或基因转移治疗带来了新的希望，也为研究神经发生、神经系统遗传病的发病机制提供了理想的基因载体。但我们也应该清楚地认识到，有关神经干细胞的研究还处于起步阶段，仍有许多悬而未决的问题，临床应用干细胞疗法还会有很长的路要走。

生命不老的源泉：干细胞

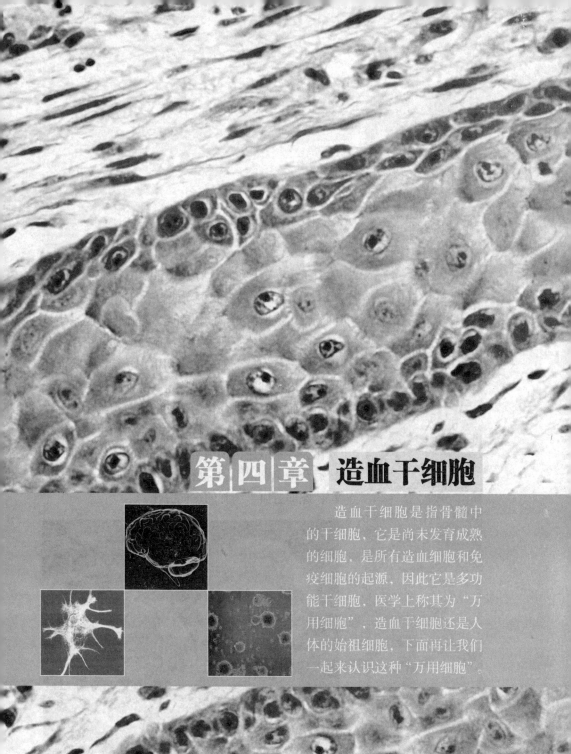

第四章 造血干细胞

造血干细胞是指骨髓中的干细胞，它是尚未发育成熟的细胞，是所有造血细胞和免疫细胞的起源，因此它是多功能干细胞，医学上称其为"万用细胞"，造血干细胞还是人体的始祖细胞，下面再让我们一起来认识这种"万用细胞"。

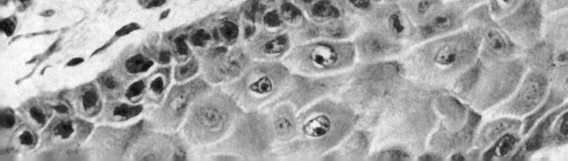

第一节 何谓造血干细胞

造血干细胞

造血干细胞具有两个重要的特征：其一，高度的自我更新或自我复制能力；其二，可分化生成所有类型的血细胞。造血干细胞采用不对称的分裂方式：即由一个细胞分裂为两个后，其中一个仍然保持干细胞的一切生物学特性，从而保持机体内干细胞数量相对稳定，此即干细胞的自我更新；而另一个则分化为早期的造血祖细胞，并在骨髓基质细胞和细胞因子等的调控下进一步增殖分化为各系造血祖细胞、前体细胞和成熟血细胞，然后释放入外周血中执行各自的功能直至衰老死亡，此即造血干细胞的多向分化。

前体细胞

在造血组织中，造血干细胞的数量是很少的，它们约占骨髓有核细胞的 0.5%，而在外周血中的含量则更低（利用某些细胞因子可动员骨髓中的造血干细胞进入外周血）。再加上它们的形态和大小与普通的淋巴细胞很相似，因此至今仍不能单纯从形态学上来识别造血干细胞。

什么是淋巴细胞

淋巴细胞也称淋巴球，由淋巴器官产生，机体免疫应答功能的重要细胞成分。在人体约占白细胞的 20%～30%，圆形细胞核，细胞质很少。淋巴器官根据其发生和功能的差异，可分为中枢淋巴器官（又名初级淋巴器官）和周围淋巴器官（又名次级淋巴器官）两类。前者包括胸腺、腔上囊或其相当器官（有人认为在哺乳动物是骨髓）。它们无须抗原刺激即可不断增殖淋巴细胞，成熟后将其转送至周围淋巴器官。后者包括脾、淋巴结等。成熟淋巴细胞需依赖抗原刺激而分化增殖，继而发挥其免疫功能。

对造血干细胞最早的实验研究可追溯到 1961 年 Till 和 McCulloch 建立的脾结节形成实验：小鼠经致死剂量射线照射后，由尾静脉输入适当数量的同系正常小鼠的骨髓细胞，8～9 天后，即可在受体小鼠的脾检测到由各种血细胞组成的脾结节。每一个脾结节称为一个脾结节形成单位，形成脾结节的原始细胞称为脾结节形成细胞。由于在上述致死剂量射线照射条件下，受体小鼠的内源性造血功能基本摧毁，所以脾结节内的血细胞应该来源于供体小鼠。

经过组织切片可以看到，脾结节大多是由红细胞、粒细胞及巨核细胞中的一种、两种或三种组成。虽然在脾结节中没有形态学上可以确认的淋巴细胞，但是切下第一受体小鼠的脾结节移植到受照射的第二受体小鼠后，在第二受体小鼠的骨髓和脾细胞中都可以检测到供者特异的标志染色体，证明脾结节形成细胞具有重建照射的小鼠髓系和淋巴

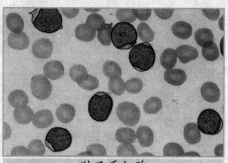

淋巴系细胞

第四章 造血干细胞

系细胞的潜能。畸变染色体研究证明每一个脾结节都是单一一个细胞增殖分化的结果。但是，脾结节形成细胞并不等同于造血干细胞。因此，虽然通过脾结节形成实验，人们证实了造血干细胞的存在，但是，仅凭脾结节形成能力并不能鉴定造血干细胞。

 造血干细胞的起源

众所周知，机体是由一个受精卵分化、发育而来的。在胚胎发育早期，各细胞之间的形态和功能彼此相似，随着细胞的增殖、分化才出现了形态不同、功能各异的细胞。原始造血细胞正是由于存在这种分化而产生的。

与出生后比较单一、固定的骨髓造血不同，胚胎造血是伴随着生长发育而不断变换着造血部位。一般认为，随着胚胎发育过程中造血中心的转移，其造血过程相继分为三个阶段，即胚外造血期——卵黄囊造血期、胎肝造血期和骨髓造血期。人胚第 13 ~ 16 天，卵黄囊壁上的胚外中胚层形成许多细胞团，称为血岛，血岛中央的细胞形成多能造血干细胞，周边的细胞形成内皮细胞。之后，在人胚第 6 周，胎肝开始造血，并持续至第 5 个月。继胎肝造血后，脾也出现短暂造血功能，造血干细胞在脾内增殖分化为各种血细胞。从胚胎第 4 个月开始以至终生，骨髓成为主要造血器官，造血干细胞多寄居于此，髓系细胞在此成熟，而淋巴细胞在胸腺母细胞阶段即从骨髓迁出，在各淋巴器官与淋巴组织成熟。

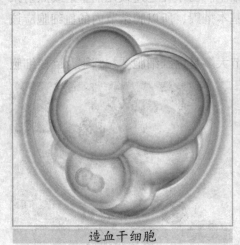

造血干细胞

由于卵黄囊是胚胎发育过程中的第一个造血中心，因此，多年来人们一直认为造血干细胞即起源于此。人们假定，卵黄囊来源的造血干细胞首先分化产生原始的红细胞，然后顺序迁移到胎肝、胎脾和骨髓，并在相应的部位增殖、分化生成各系血细胞。但是，最近有学者对卵黄囊是否为胚胎发育过程中的第一个造血中心提出疑问。他们认为成体造血干细胞来源于胚胎的背主动脉区，因为能够重建成体各系造血的造血干细胞最早出现在鼠胚第 10 天的主动脉—性腺——中肾（AGM）区，故认为卵黄囊只是一种一过性的造血组织，在卵黄囊胚外造血的同时，胚内也有造血现象，而成体骨髓中的造血干细胞来源于 AGM 区的造血干细胞，而不是卵黄囊造血干细胞。

关于胎肝造血干细胞的来源也存在争论。争论的焦点是：初级造血组织的干细胞肯定是次级造血组织干细胞的来源吗？也就是说，当前一个造血组织——卵黄囊失去造血潜力时，是否确有造血干细胞向后一个造血组织——胎肝的迁移？早年认为胎肝内的造血干细胞源于肝脏本身，近年来有证据表明，胎肝造血中心形成时其造血干细胞是来源于卵黄囊的造血干

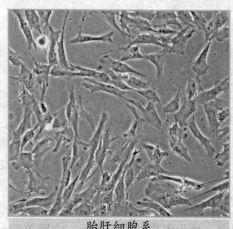

胎肝细胞系

细胞流，即在卵黄囊功能减退时，作为一个过渡的中间阶段，造血干细胞先在血液中出现，然后才定居于胎肝。在脾脏造血期，造血干细胞亦是从卵黄囊或胎肝迁移而来。在胎儿发育过程中，骨髓是最后的也是最终的造血部位。至于骨髓造血干细胞，有人认为其来源于胎肝造血干细胞的迁移，也有人认为其来源于上述的 AGM 区，目前尚无定论。

 造血干细胞的检测方法

目前，确认小鼠造血干细胞的唯一标准仍然是多年来一直沿用的长期体内重建造血能力检测。即将细胞移植给经致死剂量射线照射的受者，如果能够使受者恢复长期各系造血，并且移植第二受者仍可重建其造血系统，那么就证明植入的细胞中确实含有造血干细胞。但是，由于异体移植存在免疫排斥的问题，因此对于人造血干细胞的研究就没有

第四章 造血干细胞

那么简单了。多年来，对人骨髓细胞造血活力的检测一直依赖于体外实验，其中可用于早期造血细胞检测的方法主要包括长期培养启动细胞（LTC-IC）活力检测和高增殖力集落形成细胞（HPP-CFC）活力检测。前者是指预先将培养物在基质细胞层上培育 5～8 周，然后再在半固体培养体系中培养，能够形成混合细胞集落的即为 LTC-IC。在人类，LFC-IC 是体外鉴定早期祖细胞的功能检测方法。改进的 LIC-IC 培养法，延长了集落培养前培养物与基质层共孵育的时间，这种延长的 LTC-IC 是接近造血干细胞的更早期祖细胞。HPP-CFC 是由于骨髓细胞在多种造血刺激因子存在时能在体外半固体培养 10～12 天后形成大集落而得名。HPP-CFC 具有向髓系和淋巴系细胞分化的潜能，并具有多因子反应性，也属于早期的造血祖细胞。在体外，目前还没有方法可以检测造血干细胞。

你知道吗？

异体移植的奥秘

进行异体移植，首先要有适合的骨髓提供者，最好具有全相合基因提供者。其次必须要求化疗取得的完全缓解。再次移植对象年龄一般在 45 岁以下。最后需要移植对象无严重的肝、肾、心、肺、脑等重要脏器功能损害；无较重的糖尿病、肝炎、高血压、脑梗、心脏疾患；无严重的精神障碍者。

近年来，随着动物模型的不断发展，使得研究人造血干细胞体内重建造血活力成为可能。在这些动物模型中，最为可靠的是绵羊子宫内胎羊移植系统。该系统是在胎羊免疫系统发育前于子宫内将人的造血细胞移植给胚胎羊，在小羊出生后，通过追踪其体内不同血细胞系的分布和比例来判断移植的人造血细胞是否具有长期重建多系造血的能力。该系统的主要缺点是可操作性差，但可进行长达数年的观察，而且可以进行二次移植研究。最近，研究者又对该系统进行了改进：给移植人造血细胞后形成的嵌合体羊施用人晚期作用细胞因子，即作用于造血晚期的细胞因子，如粒细胞、巨噬细胞集落刺激因子和白细胞介素 3 等。应用这些细胞因子后，嵌合体羊骨髓中人血细胞的比例由 5% 增加到 15%。这可能是由于细胞因子刺激人特异的定向祖细胞增殖分化的缘故，因此通过这种方法有可能使定向祖

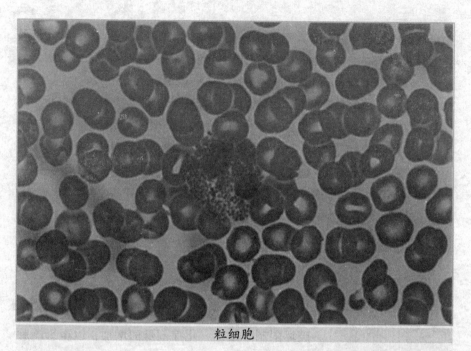
粒细胞

细胞逐渐耗竭，而相反，真正的干细胞并不受这些细胞因子的影响。

　　另一个动物模型是由 Dick 等建立的重症联合免疫缺陷 SCID 或 NOD/SCID 小鼠移植检测系统。同子宫内胎羊移植相比，NOD/SCID 小鼠移植可操作性更强，但在检测人造血干细胞活性方面存在一些局限。例如，由于这些小鼠通常在 12 个月内死亡，因而使得长期观察以及二次移植比较困难；另外，在 NOD/SCID 小鼠体内，人造血干细胞向淋巴系的分化受到影响。由于以上限制，所以确切地讲，这种细胞应被称为 SCID 小鼠再植细胞，而不能完全等同于造血干细胞。

第四章　造血干细胞

第二节 造血干细胞的临床应用

造血干细胞移植

许多恶性血液病，如急性淋巴细胞白血病、急性髓系白血病、慢性粒细胞白血病、何杰金病、多发性骨髓瘤、非何杰金淋巴瘤以及非血液系统的实体瘤等，对放疗、化疗都是敏感的。虽然增加放疗、化疗剂量可以显著增加对肿瘤的杀伤作用，但放疗、化疗对正常骨髓细胞的严重破坏限制了放疗、化疗剂量的增加，以至影响肿瘤的治疗效果。自20世纪80年代起，造血干细胞移植成为恶性肿瘤大剂量放疗、化疗后造血支持治疗的主要措施。有了造血干细胞移植的支持，临床医生就可使用超大剂量的放疗、化疗，最大限度地清除患者体内的癌细胞，然后植入造血干细胞重建被破坏的造血和免疫系统，提高了恶性肿瘤的治疗效果和病人的生存期，尤其是转移性、全身性、难治性或进展性的肿瘤。

癌细胞

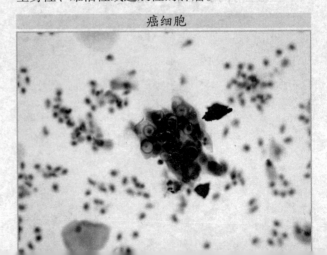

由于成人体内造血干细胞主要存在于骨髓中，因此最初多采用骨髓来源的造血干细胞进行移植。后来有研究发现，外周血 CD34\++ 细胞表面表达高亲和力的造血生长因子的受体，主要是 IL-3，IL-6，GM-CSF 受体。用这些细胞因子和／或化疗动员后，外周血中 CD34\++ 细胞的含量显著增加，与骨髓中的含量相当。因此，动员的外周血成为造血干细胞移植的另一来源。与骨髓移植相比，外周血干细胞移植具有几个显著的优点，如采集方便、造血功能重建快、免疫功能恢复早、并发症轻等，因此动员的外周血正逐渐代替骨髓，成为造血干细胞移植的主要细胞来源。

随着临床和基础研究的发展，人们发现，异基因造血干细胞移植后，可在受者体内诱导形成供者，受者嵌合体，使受者产生对供者特异的、终生的耐受，从而可为其他器官的移植奠定基础，成为造血干细胞移植作为支持治疗的另一方面。也就是说，对于由于发生恶性肿瘤而切除了组织或器官，需进行组织或器官移植的患者，可以先进行供者的造血干细胞移植，造成受者对供者特异的耐受，再进行组织或器官移植，就可以降低免疫排斥发生的强度，从而提高移植物的存活率。

你知道吗？ 外周血造血干细胞移植存在的问题

外周血造血干细胞移植在干细胞移植中占有很重要的地位，但是它仍存在一定的问题。1.收集的外周血干细胞可能混杂有肿瘤细胞；2.移植物中存在大量 T 细胞，可能诱发严重 GVHD；3.初步的结果表明，PBSCT 急性 GVHD 的发生率与骨髓移植相似，但慢性 GVHD 为 Allo—BMT 的 2～3 倍；4.重组细胞因子作为动员剂对供者的安全有待于观察。

对于骨髓造血功能衰竭和某些先天遗传性疾病或代谢系统疾病，如再生障碍性贫血、β 地中海贫血等，由于其造血干细胞本身存在缺陷，因此，不能直接采取自体造血干细胞移植进行治疗。异基因造血干细胞移植是一种治疗途径，但存在免疫排斥的问题；另外，通过对自体造血干细胞进行遗传修饰后，使其缺陷基因的功能得到补充，也可以用于以上疾病的移植治疗，并且绕过了免疫排斥的问题。

第四章 造血干细胞

造血干细胞与细胞治疗

细胞治疗，即给患者输注治疗细胞，通过这些细胞在体内发挥功能以达到治病的目的，如抗肿瘤等。已用于临床前试验的细胞治疗手段包括：体外扩增用于治疗肿瘤的抗原特异性淋巴细胞，扩增自然杀伤细胞（NK），扩增树突状细胞（DC），扩增巨核细胞和血小板等。其中 DC 是目前为止发现的功能最强的抗原提呈细胞（APC），它们不仅可以激活体内的记忆 T 细胞，也可以激活 NaiveT 细胞，因此，DC 对于诱导 T 细胞、B 细胞介导的免疫应答非常重要，也是肿瘤细胞治疗的重要靶细胞。肿瘤有多种逃逸免疫攻击的机制，但是通过体外对 DC 装载肿瘤特异性抗原，可激活细胞毒性 T 细胞（CTL）特异的抗肿瘤能力，从而将突变的细胞清除以达到抗肿瘤的目的。DC 在体内数量极少，造成分离及体外培养困难，进而影响了其功能的发挥。但目前已建立了体外诱导扩增 DC 的方法，可以从脐带血或自体的外周血干细胞诱导扩增出大量的 DC，进一步使其装载肿瘤特异性抗原后，诱导抗原特异性 CTL 杀伤肿瘤细胞。DC 回输疗法已成功地试用于非何杰金淋巴瘤、黑色素瘤、前列腺癌和多发性骨髓瘤等恶性肿瘤晚期患者的治疗。

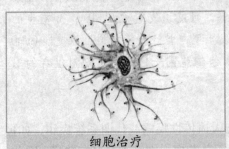

细胞治疗

利用多种不同细胞因子组合，还可以诱导 CD34\++ 细胞向红系、粒系和巨核细胞／血小板分化，适用于成分输血，肿瘤放疗、化疗所致的中性粒细胞和血小板减少，造血干细胞移植相关的血小板减少等症。

虽然多年来骨髓移植一直作为大剂量放疗、化疗后的造血支持治疗，但是，近年来人们越来越关注供者淋巴细胞带来的免疫效应。清髓性干细胞移植（大剂量放疗、化疗以清除患者自体的骨髓细胞）正逐渐被非清髓性干细胞移植（NST）所代替，如果需要还可以进行供者淋巴细胞输入（DLI）。NST 只需对患者进行低剂量的放疗或化疗预处理，然后通过加强免疫耐受处理（如使用多种免疫耐受药物，增加移植的干细胞的数量等），使供者细胞植入后，形成供者－受者嵌合体，从而使受者产生对供者特异的、终生的耐受，最终通过供者淋巴细胞发挥移植物抗肿瘤效应（GVT）来杀灭肿瘤细胞。已经有临床结果表明，获得性异基因细胞治疗有可能成为恶性血液病和转移性肿瘤新的、有效的治疗方法。

造血干细胞与基因治疗

自人类首例基因治疗临床试验实施以来，基因治疗的基础与临床应用研究在世界各地蓬勃发展起来。在已获准的临床基因治疗方案中，针对恶性肿瘤的方案居首位，约占一半以上，其次为艾滋病和囊性纤维化等。但是，在临床基因治疗中，仍有一些重大问题没有解决，如带有目的基因的细胞在病人体内维持时间太短等。为了使目的基因能在病人体内长期或永久地表达，必须选一种能在体内自我更新和自我维持的永不消亡的细胞，作为目的基因的宿主细胞。于是，造血干细胞因其自身的特点而成为某些疾病基因治疗的理想靶细胞。

利用造血干细胞作为基因治疗的靶细胞的优势在于：

（1）造血干细胞具有自我更新能力，目的基因导入人造血干细胞后能长期表达，病人可终生受益，这对于一些具有先天性遗传缺陷的患者是非常重要的；

（2）造血干细胞具有向各系血细胞分化的能力，只需少数干细胞转染目的基因后，由其分化而成的细胞便可随血液循环到达靶细胞，利用其所携带的外源基因最大限度地发挥治疗作用；

（3）造血干细胞无论在骨髓内还是在循环血中，目的基因产物都能通过血循环而到达靶器官；

（4）许多疾病与造血异常有关，如地中海贫血、镰状细胞贫血等，如能将缺陷基因导人造血干细胞，可望缓解症状；

（5）近年来，造血干细胞分离纯化、体外培养和冻存以及移植等技术日趋成熟，为造血干细胞在基因治疗中的应用提供了技术保证。到目前为止，造血干细胞已经用于腺苷脱氨酶（ADA）缺乏症、戈谢病、HIV感染及癌症的基因治疗。

第三节 造血干细胞的自我更新

干细胞的自我更新

造血干细胞经历自我更新、分化、衰老与死亡等复杂过程而维持机体终生血细胞产生。在造血稳态条件下造血干细胞的这些命运归宿受到严格的控制，使它们既可以不断地产生祖细胞以及成熟的血细胞，又能维持和补充造血干细胞池。最近的研究表明一些关键的因子调节这些不同的细胞命运。

造血干细胞是否随年龄变化一直存在争议，过去认为年轻鼠的造血干细胞组分由不同的亚群组成，它们都具有既定的自我更新与分化能力。根据HSC的分化过程可将其分为3类：淋巴系、平衡和髓系HSC。目前研究显示，衰老引起这些HSC发生明显的偏移。随年龄的增长，淋巴系HSC逐渐减少，而髓系HSC比例增大。年轻和年老的髓系HSC的各方面行为表现都是相似的。这些结果表明衰老不改变单个HSC，然而衰老改变了HSC的克隆组分。与B6鼠比较，年老的D2鼠呈现出更加明显的髓系HSC偏移，随之出现T和B前体淋巴细胞数目的相应减少，因此外周血中低水平的淋巴细胞可作为造血干细胞衰老的标志。淋巴系HSC的缺少与老年人对感染性疾病和癌症反应能力降低有密切关系。

活性氧（ROS）刺激引起的 $p38+MAPK$

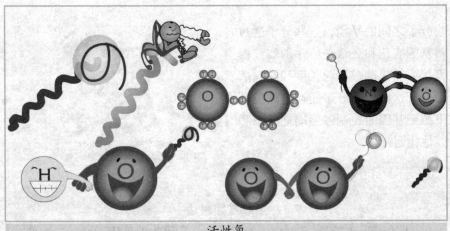

活性氧

的激活限制了 HSC 的寿命。HSC 的长期自我更新的维持要求细胞内 ROS 处于低水平。当 ROS 水平增加时将引起衰老与凋亡，结果导致 HSC 自我更新能力的丧失。在 ATM\++ 鼠，ROS 水平的升高引起 HSC 特异性的 p38\+\{MAPK\} 的磷酸化，使 HSC 不能维持静止状态。p38\+\{MAPK\} 抑制剂可恢复 ROS 引起的 HSC 增殖能力的缺乏和静止 HSC 的维持，提示 ROS-p38\+\{MAPK\} 途径促成 HSC 群的耗竭。进一步研究显示，一系列移植实验中延长抗氧化剂和 p38\+\{MAPK\} 的使用可以延长野生鼠 HSC 的寿命，这些研究结果表明 p38\+\{MAPK\} 的失活可以保护 HSC 避免自我更新能力的丧失。

 机体衰老与造血干细胞衰老

衰老是生物体不可避免的自然规律。个体衰老可表现为整体、细胞、细胞器和生物大分子等不同层次衰老。细胞是生命活动的基本单位，因此细胞衰老是机体衰老的基础。基因组和线粒体基因组完整性的丧失、表观遗传学的改变、氧化损伤、DNA 修复能力的逐渐丢失和端粒末端的缩短被认为是促进细胞衰老的因素。Tam 等认为通过一些技术能使分化了的细胞再编程转变成类似于 ESCS 样的较原始的状态，尤其是体细胞核移植（SCNT）技术显著而确切地显示了其完全逆转分化或衰老的细胞为有活力的全能状态的能力。Tam 等定义细胞衰老依赖于细胞内一些生

第四章　造血干细胞

物分子之间的平衡，这些分子通过对基因表达和表观遗传学的调控而直接或间接调控端粒长度和端粒酶活性，这些生物分子还通过调控其下游靶基因而控制细胞周期状态和其他代谢过程。

端粒酶

你知道吗？

了解基因表达

基因表现（英语：Genee xpression，又称基因表达，有时直接以表现或表达来称呼）是基因中的 DNA 序列生产出蛋白质的过程。步骤大致从 DNA 转录开始，一直到对于蛋白质进行后转译修饰为止。此过程影响了细胞分化与形态发生等生命现象。不同的时间、不同的环境以及不同部位的细胞，或是基因在细胞中的含量差异，皆可能使基因产生不同的表现。

正常组织内环境的稳态间接由组织特异的干细胞来维持与控制，而衰老组织在应激与损伤状态时保持稳态能力和恢复稳态能力均下降，这与衰老组织中干细胞的减少密切相关。组织器官退变、功能丧失、肿瘤发生和反复感染等衰老现象都反映出成体干细胞的衰老。

血液是生命的不竭动力和源泉，血液的核心和活力是造血干细胞，造血干细胞的衰老与机体的衰老有着密切的关系。造血干细胞具有自我更新、多向分化及控制造血系统稳态的潜能，但在上述各种细胞衰老因素的作用下造血干细胞发生衰老，导致造血系统应激能力下降。现有研究表明，在机体衰老过程中尽管造血系统的基本成分得以维持，但造血干细胞的数量和质量是逐渐降低的。

小鼠造血干细胞表达为 KLSeell，但实际上只有少量 KLS 细胞亚群（1/30）具有长期多向分化潜能。与年轻鼠比较，老年小鼠造血干细胞重建能力下降、B 淋巴细胞比例降低，粒系比例相对升高及其基因谱出现相应变化，表明老龄小鼠造血干细胞的一些自发性功能改变与临床老龄化出现的获得性免疫功能下降、粒系增殖性疾病发生率升高相一致。从年轻小鼠（2个月龄）和老年小鼠（21个月龄）分离造血干细胞进行辐射受体小鼠移植试验发现，老年小鼠的造血干细胞造血比例明显下降。以上资料提示虽然在不同年龄小鼠骨髓中造血干细胞的浓度相似，但随着年龄的增长造血干细胞的功能却明显降低。

对受致死剂量射线辐射的小鼠进行造血干细胞连续移植是复制造血干细胞老化最常用的模型。在小鼠移植实验中，造血干细胞能进行连续移植并维持其功能，提示干细胞的衰老和动物整体的衰老是不相关的。但造血干细胞的系列移植实验也只限于4～6代，它最终仍将丧失其多向分化和自我更新潜能，提示造血干细胞的复制能力也有一定限度，在过度增殖的压力下也可出现复制衰老。Leonie等用纯化的造血干细胞对受体小鼠进行连续移植，发现由供者衍生的干细胞在第4次移植后明显减少，鹅卵石样区域形成细胞（CAFC）数量下降；流式细胞术分析显示KLS细胞在移植中逐渐减少，克隆生成潜能下降，竞争性再生能力降低和外周血恢复延缓；

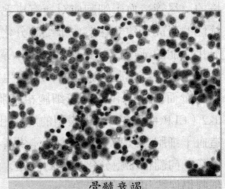
骨髓衰竭

供者衍生的造血干细胞逐渐失去在受者体内重建造血能力，最终导致受者死亡，这表明连续移植中造血干细胞数量不断减少和功能逐渐衰竭。这种在系列移植中所表现出来的造血干细胞寿命的有限性说明干细胞本身确实发生了衰老。随着时间的推移，静止状态造血干细胞的减少最终导致干细胞耗竭和骨髓衰竭。

Derrick等对3、12、24月小鼠的CD34和flk2细胞进行表面标志染色，显示出三种不同亚群KLS，这里我们暂用A、B、C来表示。在连续移植实验中发现，无论供者年龄大小，这三种都有暂时的淋巴髓样重建能力，而在青年或老年受体鼠B具有长期多谱系重建能力，这表明B表型的KLS细胞是骨髓细胞中仅有的具有多谱系重建能力的造血干细胞。老龄鼠的造血干细胞中原始细胞所占比例上升可能是机体对衰老进行的代偿，但这些细胞的功能可能有所下降。

Rossi等检测衰老过程中造血干细胞谱系分化的能力，结果显示，移植老年鼠造血干细胞的受者较移植年轻鼠造血干细胞的受者在连续移植中造

第四章 造血干细胞

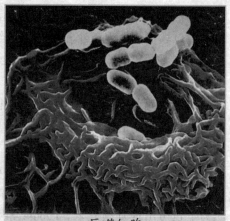

巨噬细胞

血重建能力下降明显。分析供者衍生细胞的谱系分配显示，来自老龄鼠的造血干细胞在产生外周 B 淋巴细胞能力上有内在的损伤，而分化形成 Cdllb+（Macl+）髓样细胞的潜能增强。进一步研究是否衰老的骨髓微环境负性调控 B 细胞的生成，移植年轻鼠纯化的造血干细胞给年轻和年老鼠，发现虽然老龄鼠骨髓微环境短期负性影响 B 细胞的生成，但长期分析表明来自年轻鼠的干细胞生成成熟 B 细胞的能力不受衰老的骨髓微环境的影响。B 淋巴细胞生成的减少是造血干细胞衰老中细胞自发的潜能，是不依赖于衰老的骨髓微环境的。尽管造血干细胞应对所有成熟血细胞的生成负责，但成熟血细胞连续性的生成是建立在造血干细胞分化基础上的，通过造血祖细胞向各谱系分化潜能的渐增得以实现。Akashi 等发现正常的髓样祖细胞（CMP）和巨核细胞——红细胞祖细胞（MEP）生成不受衰老的影响，但在老龄鼠显示出少量而明显的粒－巨噬细胞祖细胞（GMP）的增加。Rossi 等观察到以 flk2（CLP\+\{flk2+\}）为表型的淋巴祖细胞在老龄鼠中有明显的减少，并在造血干细胞连续移植实验中证实供者衍生的干细胞产生淋巴样细胞的能力下降，向髓样细胞分化的能力增强，这与衰老过程中淋巴细胞减少而髓样细胞仍保持相对恒定有关。

造血干细胞衰老的细胞及分子机制

1. 端粒、端粒酶与造血干细胞衰老

造血干细胞具有中等水平的端粒酶活性，这对维持造血干细胞正常功能非常重要。体外增殖和体内正常衰老的成纤维细胞中都能观察到端粒的进行性缩短。如果细胞试图要维持其正常分裂，那么就必须阻止端粒的进

一步丢失，并且激活端粒酶。

一系列研究发现，人和小鼠造血干细胞的端粒区都伴随衰老过程而缩短，提示造血干细胞的繁殖潜能实际上受老化过程的限制。端粒缩短在新生儿期极为明显，这与出生后造血组织的快速减退呈正相关。Robert 等调查得出端粒 DNA 在 5 ~ 48 个月龄缩短速率最快（每年大于 1kb）；在 4 岁至成年期出现一个明显的平台期，端粒缩短过程变得相对平稳，大约是每年 20bp；随后便是一个复杂而漫长的低水平缩短过程。因此，端粒缩短在不同年龄段可能具有不同的调控机制，这实际上也反映出造血功能在不同年龄段处于不同调控作用下的超稳定状态。

有研究显示，CD28 能够诱导端粒酶的表达。关于 CD28 分子表达程度、端粒长度与衰老之间的相关性在一项 T 细胞研究中得到证实。该研究发现，CD28\+- 和 CD8\++T 细胞随着衰老的进程稳步增加，而 CD28+ 和 CD8- 细胞的端粒长度明显长于前者。Leonie 等在造血干细胞连续移植模型中发现每次移植后造血干细胞端粒变短，这种机制可限制造血干细胞自我更新与分化的最大数量，这与损伤的功能一致；端粒酶活性缺失的造血干细胞长期增殖的能力下降，并伴随染色体不稳定性增加。从端粒酶不足的老鼠分离而来的造血干细胞仅能连续移植两次，并伴有造血干细胞端粒缩短的加速和长期再生潜能的降低，而正常鼠造血干细胞能进行 4 次连续移植，在端粒酶逆转录酶转基因小鼠体内端粒酶过表达，端粒长度得以保持，但这种突变小鼠的造血干细胞连续移植的代数并不能比野生型小鼠多，表示还有其他机制调节干细胞的衰老。最近，有研究提出在衰老中端粒的特殊分子变更比端粒长度在衰老过程中的作用更重要。

2. DNA 损伤与造血干细胞衰老

机体细胞 DNA 始终处于各种损伤因素的威胁，如日光、紫外线、电离辐射、多种遗传毒物等外环境因素；由正常细胞代谢产生的活性氧如超氧离子、过氧化氢等机体内在的原因均会诱导产生各种 DNA 损伤。另外，用于治疗肿瘤的电离辐射、紫外线及大多数化学药物也是 DNA 损伤诱导剂。细胞受到 DNA 损伤后，一方面启动细胞 DNA 修复机制以保证基因完整性，同时启动细胞周期检定点阻滞细胞周期进程，以保证 DNA 修复，防止错误的遗传信息传递。DNA 损伤由多种因子感受识别后激活上游蛋白激酶如 ATM 及 ATR，经一系列反应激活效应分子包括肿瘤抑制因子 p53、CDC25 和 SMC1 等，使细胞短暂或持久（衰老）阻滞细胞周期进展，或诱导凋亡。研究发现，ATM 与造血干细胞自我更新功能有关，24 周老年 ATM\+\{−/−\} 小鼠出现进行性骨髓衰竭，应用抗氧化剂可以改善细胞功能。老年 ATM\+\{−/−\} 小鼠 ROS 升高同时伴有 p16-pRb 通路的激活，过表达 TERT 不能纠正这个缺陷，提示 ATM 维持造血干细胞功能不依赖端粒。

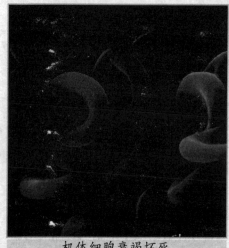

机体细胞衰竭坏死

细胞分裂过程中每次复制基因组都会发生许多拷贝错误，但精细的校对及编辑机制会纠正这些错误。发现 DNA 损伤后，细胞的反应是试图修复，但如果 DNA 损伤的范围过大或危及 DNA 变形，就将触发一系列信号，导致细胞衰老和死亡。DNA 损伤累积可能是导致干细胞死亡的潜在因素。为对抗 DNA 损伤，细胞主要通过碱基切除修复（BER）、核酸切除修复（NER）、错配修复（MMR）和重组修复（HR）等机制修复 DNA 损伤。遗传性 DNA 损伤修复障碍会导致一系列以早衰及肿瘤高发为特征的综合征，现有的一系列试验研究提供了 DNA 损伤诱导造血干细胞功能障碍的证据。

Rossi 等在鼠类检测了衰老中造血干细胞的储备功能发现，这些鼠带有几个基因维持途径的缺陷，包括核苷酸切除修复、端粒的维持和非同源性的内连接物缺陷，发现尽管这些途径中的缺陷不能使衰老中干细胞储存耗尽，但干细胞的功能性潜能在应激的情况下受到严重的影响，导致重建和增殖潜能丧失，自我更新能力下降，程序性细胞死亡增加并且最终导致功能的衰竭。此外，他们证明在野生型干细胞衰老模型中有内源性 DNA 损伤的集聚，Erccl 是一种在核苷酸切除修复中起关键作用的蛋白，Erccl 突变小鼠造血干细胞对造血刺激反应降低，并出现骨髓衰竭。Prasher 等用核苷酸切除修复必需蛋白 Erccl 突变小鼠，观察 DNA 修复缺陷对造血系统的影响，发现 Erccl 突变小鼠对造血刺激的反应性降低，造血祖细胞减少，说明造血干细胞早衰，这一模型提示 DNA 损伤的确可能导致造血干细胞的枯竭。线粒体 DNA（mtDNA）改变和线粒体功能丧失是线粒体衰老理论的基础。Yao 等从年轻和年老小鼠分离出 Lin—Kit+CD34- 的造血干／祖细胞，并对 2864 个细胞 mtDNA 调控区的突变进行系统分析，结果表明造血干细胞 mtDNA 突变与衰老相关。

DNA 双链断裂（DSB）会启动同源重组修复（HR）和非同源末端重组修复（NHEJ）。DSB 同源重组性修复需要多种蛋白形成的复合物，其中 Rad50 和乳腺癌易感基因（BRCA）与衰老有关。Rad50 等位基因突变的小鼠出现造血干细胞衰竭。NHEJ 缺陷小鼠由于 B 细胞和 T 细胞发育过程中 V（D）J 基因片段不能连接而出现联合免疫缺陷，并且对放射敏感。Ku80\+\{-/-\} 老年小鼠 LT- 造血干细胞数量和比例并未下降，但不能生成成熟的 T 细

线粒体结构示意图
（基质 嵴 内膜 外膜）

胞和 B 细胞，同时粒系生成能力也明显降低，造血干细胞增殖能力下降，细胞凋亡增多。LigIV 突变小鼠 LigY228C 具有部分 Lig4 基因功能，并呈现人 LigIV 综合征特征。老年突变小鼠 KLS 数量明显下降，与骨髓细胞数减少平行，其中 LT- 造血干细胞数量基本正常，但自我更新和复制能力下降，多能祖细胞急剧减少。以上研究提示，造血干细胞的 DNA 损伤可以导致造血干细胞复制及自我更新能力下降，出现细胞衰老改变。

你知道吗？

基因的密码 DNA

脱氧核糖核酸又称去氧核糖核酸，是一种分子，可组成遗传指令，以引导生物发育与生命机能运作。主要功能是长期性的资讯储存，可比喻为"蓝图"或"食谱"。其中包含的指令，是建构细胞内其他的化合物，如蛋白质与 RNA 所需。带有遗传讯息的 DNA 片段称为基因，其他的 DNA 序列，有些直接以自身构造发挥作用，有些则参与调控遗传讯息的表现。1953 年 4 月 25 日，DNA 双螺旋形结构提出。

第四章 造血干细胞

此外有趣的是，对小鼠进行饮食限制能提高造血干细胞的数量及功能，提示限制热量能抑制造血干细胞衰老，延缓造血系统老化。并且对 ATM 基因突变小鼠进行研究发现，造血干细胞自我更新能力依赖于 ATM 介导的氧化压力抑制，提高 ATM 突变小鼠的活性氧族使造血干细胞功能缺陷，抗氧化处理后其功能恢复，这种使用外在因素调控造血干细胞内在衰老程序是目前和未来研究的热点。

3. 造血干细胞衰老与遗传学

表观遗传学是指至少一代的基因表达改变，而基因的编码不变，通过改变染色体的形状来决定哪一个基因表达。通过 DNA 的甲基化、RNA 相关沉寂和组蛋白修饰 3 种方式来控制表观遗传的沉寂。在机体衰老过程中，DNA 损伤和细胞分裂都可能引起染色质丢失，组蛋白编码逐渐改变，染色体结构随之发生变化从而影响基因表达，最终导致干细胞功能的削弱。

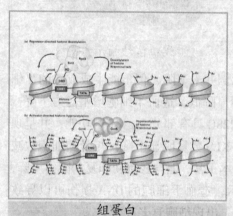

组蛋白

许多研究显示在造血干细胞衰老过程中存在相关基因表达的改变。Derrick 等对年轻和年老鼠纯化造血干细胞的整个基因组进行微阵点分析揭示：907 个基因是与衰老相关的。在衰老造血干细胞，衰老相关基因的信号转导蛋白及受体功能有过度表达，这种差异性表达是造血干细胞衰老的分子特征下的一个中心环节。在调控淋巴系结构和功能中发挥重要作用的 43 种基因中有 70% 被发现在衰老的造血干细胞中下调，而调控髓系结构和功能的 38 种基因有 76% 被发现在衰老的造血干细胞中上调，二者共同作用致使衰老过程中造血干细胞分化发生谱系偏移，由此提出谱系相关基因的不同表达是造血干细胞衰老的一种内在的潜在的分子特征。

造血干细胞可以有不同命运如静止状态、分化、自我更新、移行、衰老或者凋亡，决定细胞命运的复杂调控机制是目前干细胞研究的热点。研究发现诱导造血干细胞衰老涉及的通路有两条：一是 p53-p21 通

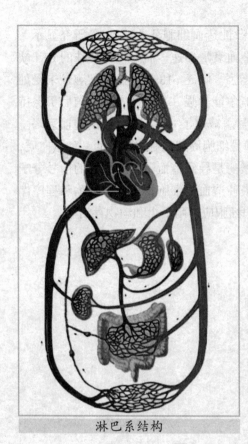

淋巴系结构

路，由 DNA 损伤或端粒缩短激发；二是 p16-Rb 通路，主要由 p38\+\{MAPK\} 级联反应激活。DNA 损伤启动细胞周期检定点后，p53-p21 通路启动细胞周期阻滞，p16-Rb 通路激活导致不可逆性生长抑制或衰老。当 UV、ROS、IR 或化疗制剂等诱导 DNA 损伤，p53 会磷酸化，进而诱导 p21，导致细胞周期阻滞即衰老。但 p53 激活及 p21 诱导是细胞衰老过程中的一个短暂事件，在衰老启动 p16 的表达开始升高时即下降。在 p16 上调前抑制 p53 可抑制衰老形成。一旦 p16 高度表达，下调 p53 则不可逆转细胞周期阻滞，提示 p53-p21 通路启动衰老过程起重要作用，但对维持衰老则没有影响。研究发现放射诱导造血细胞 p53、p21 升高发生于 p16 升高之前。p53、p21 上调在辐射暴露后几周内逐渐下降，p16 表达一直维持，并出现 SA-β-gal 表达，细胞衰老。一旦通过 p16 通路形成 SAHF，细胞进入永久性生长阻滞及衰老，灭活 p53 不能纠正。利用 p53 活性水平不同的突变小鼠研究发现，老年 p53 低水平突变小鼠造血干细胞数量增多及增殖能力增强，老年 p53 高水平突变小鼠造血干细胞移植能力下降，说明肿瘤发生与细胞衰老密切相关。以上说明肿瘤抑制因子 p53 在哺乳动物衰老过程中影响造血干细胞的动力，p53 效能的改变影响衰老过程中造血干细胞的数量、增殖和潜能。周期依赖性蛋白激酶抑制剂（CKI）对维持造血干细胞的静止状态具有非常重要的作用。p21\+\{-/-\} 小鼠在正常造血状态下造血干细胞增殖功能增强，给予细胞周期特异性细胞毒药物后造血干细胞衰竭，动物死亡率升高。一系列移植实验发现 p21\+\{-/-\} 造血干细胞自我更新功能下降，表明 p21 阻滞造血干细胞进入细胞周期，可以防止造血干细胞出现早衰性及应激性造血细胞死亡。Yu 等研究显示，受照射的受者鼠体内 p21 缺失导致造血衰竭加速，而另一种特殊的 CKI 缺失，体内造血干细胞自我更新能力增强。缺乏 p18 的造血干细胞较未受处理的野生型年轻老鼠的造血干细胞竞争能力强，在连续骨髓移植后仍保持较长时间的多向分化潜能，p18 缺失显著减速了 p21 不足导致的造血衰竭。Janzerl 等报道周期素依赖性蛋白激酶是细胞周期控制中涉及的一种蛋白质，依赖年龄表达，周期素依赖性蛋白激酶是导致造血干细胞衰老的信号分子基础，周期素依赖性蛋白激酶的缺失使造血干细胞再生能力缺陷和程序性细胞死亡减轻，并改善连续性移植中细胞应激耐受力和动物存活率。

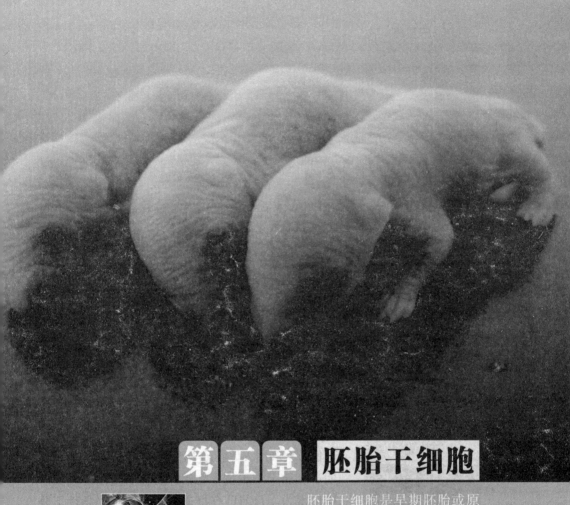

第五章 胚胎干细胞

胚胎干细胞是早期胚胎或原始性腺中分离出来的一类细胞，它具有体外培养无限增殖、自我更新和多向分化的特性。它还具有发育的全能性，能分化出成体动物的所有组织和器官，包括生殖细胞，研究和利用胚胎干细胞是当前生物工程领域的核心问题之一。

第一节 胚胎干细胞

胚胎干细胞（Esc）是从哺乳动物早期胚胎内细胞团（IcM）或囊胚分离出来的、能在体外长期培养的、高度未分化的全能细胞系，可在适合的条件下分化为胎儿或成体的各种类型的组织细胞。

1981 年，Evans 和 Martin 分别成功地分离和体外培养了小鼠的胚胎干细胞。1995 年，Thomson 等分离建立了第一株灵长类动物的胚胎干细胞。1998 年，Thomson 等建立了第一株人类胚胎干细胞。2000 年，Reubinoff 等建立了两株人胚胎干细胞。2002 年 3 月，美国麻省理工学院的科学家宣布，他们首次利用人体胚胎干细胞培育出毛细血管，证明了胚胎干细胞技术在治疗心血管疾病等领域的应用潜力。目前已有报道 ESC 能在适当条件下分化为心肌细胞，血管内皮细胞，肝细胞等。

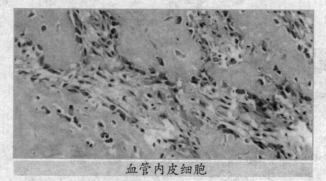

血管内皮细胞

胚胎干细胞形态特征

1. 生长特征

体外培养的胚胎干细胞形态和早期胚胎细胞相似，细胞结构简单，细胞小，细胞核大，核质比高，有一个或多个核仁，细胞质内除大量游离的核糖体和线粒体外，其他细胞器很少。胚胎干细胞增殖很快，18～24h分裂增殖一次，呈克隆生长，细胞紧密堆积，细胞界限不清，形似鸟巢，可有少数游离未分化胚胎干细胞和分化的扁平上皮细胞。不同种系胚胎干细胞形态又略有差异：小鼠胚胎干细胞紧密堆积，细胞界限不清，难以常规方法消化，克隆形态如典型鸟巢状；人胚胎干细胞克隆生长形态特征和其他灵长类动物如恒河猴相似，形态扁平，细胞之间连接松散，易被胰蛋白酶消化成单个细胞，但人EGC之间的连接却较紧密，与小鼠胚胎干细胞相似。

你知道吗？

生命的挑战：克隆

克隆通常是一种人工诱导的无性生殖方式或者自然的无性生殖方式（如植物）。一个克隆就是一个多细胞生物在遗传上与另外一种生物完全一样。克隆可以是自然克隆，例如，由无性生殖或是由于偶然的原因产生两个遗传上完全一样的个体（就像同卵双生一样）。

2. 体外培养特性

人和小鼠胚胎干细胞体外培养均需要滋养细胞或条件培养基，滋养细胞提供胚胎干细胞贴壁生长的环境和信号，并分泌分化抑制因子抑制胚胎干细胞分化并促进其增殖。目前研究最清楚的抑制因子是白血病抑制因子（LIF），它通过激活 Stat3 发挥作用，能维持小鼠胚胎干细胞未分化状态并促进其增殖，但人胚胎干细胞未分化状态的维持不依赖 LIF／Stat3 通路，可能通过其他信号通路发挥作用。

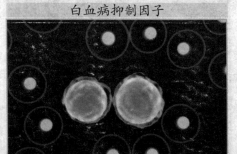

白血病抑制因子

3. 胚胎干细胞表面抗原特性

胚胎干细胞表面抗原是指反映胚胎干细胞发育全能性和未分化状态的抗原。由于不同种系胚胎在发育早期的基因表达、调控和细胞分化有差异，因此人和其他动物胚胎干细胞表面标记物有差别。未分化的人胚胎干细胞表面表达与未分化状态相关的表面抗原，包括阶段特异性胚胎抗原（SSEA）和癌胚胎抗原（CEA）及其碱性磷酸酶（AKP）。Thomson 等建立的人胚胎干细胞系表达 SSEA3、SSEA4 和胚胎癌抗原 TRA-1-60、TRA-1-81 和 GCTM2，其中 SSEA4 呈强阳性，SSEA3 呈弱阳性。分化的人胚胎干细胞表现出 SSEA1 强阳性。而来源于原始生殖细胞的 EGC 还表达 SSEA1，但 SSEA3 和 SSEA4 弱表达，因此 SSEA1 被认为是 EGC 的标志。这些表达的抗原与其他灵长类胚胎干细胞一致。而未分化小鼠胚胎干细胞的表面不表达 SSEA3、SSEA4、TRA-1-60、TRA-1-81 和 GCTM2，而表达 SSEA1，分化后的小鼠胚胎干细胞则不表达 SSEA1，未分化小鼠胚胎干细胞还表达早期胚胎抗原 Gerfisis、GCNF、GDF3，以及抑制分化的转录因子 L17、Rex1、GBX2、OCT-4、UTF-2 和 Pem 等。人和小鼠胚胎干细胞表面均表达转录因子 OCT-4，它是胚胎干细胞多能性的标志，其随着胚胎干细胞的分化表达下降。大鼠胚胎干细胞表达 SSEA1、IL-6，牛胚胎干细胞表达 SSEA1、SSEA3 和 SSEA4。

胚胎干细胞具有稳定的整倍体核型

人胚胎干细胞源于早期胚胎细胞，具有稳定的整倍体核型。Thomson 分离到的 H1、H13 和 H14 具有正常男性核型：XY；H7 和 H19 具有正常女性核型：XX。5 个细胞系均可被冻存、复苏，保持未分化状态。其中 H9 经长期培养后核型仍没有改变，是目前研究中最常应用的人胚胎干细胞系之一。Inztmza 等分离的人胚胎干细胞系 HES181、HES235 和 HES237 均具

胚胎干细胞结构图

有正常女性核型：XX。

胚胎干细胞系呈现端粒酶高表达性

随着年龄的增长，染色体的末端变短，端粒酶表达减少或不表达；相反，在胚胎组织，端粒酶是高表达的。因此，人胚胎干细胞端粒酶活性的高度表达表明其复制的寿命长于体细胞复制的寿命。Thomson 和 Gearhart 所分离的人胚胎干细胞均具有端粒酶高表达活性，这也揭示用胚胎干细胞和 PGC 较体细胞核移植具有更现实的应用前景。

胚胎干细胞分化潜能

体外培养的小鼠胚胎干细胞在去除滋养层细胞和分化抑制因子后，可分化发育为含外、中、内 3 个胚层细胞的拟胚体，可检测到心肌细胞，造血细胞，血管内皮细胞，腺体细胞和骨骼肌细胞等细胞的特异性抗原，培养介质中可检测到 α–甲胎蛋白，绒毛促性腺激素等。人胚胎干细胞具有分化为三胚层的潜能，这些胚胎干细胞在体外培养的条件下，无论培养液中有无 LIF，当去除滋养层时，均呈现自分化现象。

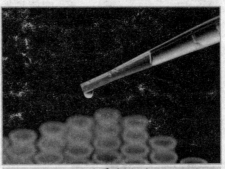
甲胎蛋白化验

第二节 胚胎干细胞系的建立

胚胎干细胞系建立的概况

1981 年 Evans 将着床前囊胚接种在经丝裂霉素处理过的小鼠成纤维细胞上，获得了增殖而未分化的 ICM，后经传代克隆建立了第一个小鼠胚胎干细胞系。此后相继分别对金黄地鼠（1988）、猪（1990）、水貂（1992）、家兔（1993）、大鼠（1994）、牛（1995）、猕猴（1995）、绒猴（1996）、绵羊（2000）、马（2002）等动物进行了胚胎干细胞建系研究。但仅得到类细胞系，即便是类细胞系，建系成功率也难以令人满意，家畜、人类胚胎干细胞系建立的最佳条件仍无定论。尤其是人胚胎干细胞系很难单个传代，克隆效率极其低下，而且细胞很容易发生自发分化。

胚胎干细胞系建立的检测标准

胚胎干细胞系建立的标准实际上就是指来源于 ICM 或 PGC 的胚胎干细胞能在体外长期培养过程中保持胚胎干细胞的生物学特性，其核心是分化发育的全能性。具体包括胚胎干细胞的克隆形态、与未分化状态相关的细胞表面抗原标志、核型和分化发育全能性的检测。

什么是抗原

抗原是指一种能刺激人或动物机体产生抗体或致敏淋巴细胞，并能与这些产物在体内或体外发生特异性反应的物质。抗原的基本能力是免疫原性和反应原性。免疫原性又称为抗原性，是指能够刺激机体形成特异抗体或致敏淋巴细胞的能力。反应原性是指能与由它刺激所产生的抗体或致敏淋巴细胞发生特异性反应。具备免疫原性和反应原性两种能力的物质称为完全抗原，如病原体、异种动物血清等。

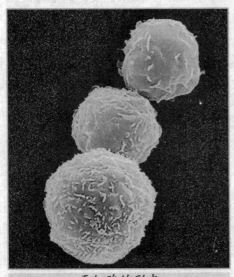

干细胞的形态

1. 胚胎干细胞形态学检测

主要检测细胞大小、形态、核质比、核仁，并检测克隆形成的大小、形态、结构层次和细胞间结合的紧密程度等，须注意不同种系胚胎干细胞形态学存在差异。

2. 核型检测

正常胚胎干细胞为整倍体（二倍体）细胞，若核型发生变化，则胚胎干细胞生物学特性也会发生变化，而且胚胎干细胞在体外长期培养的过程中，常常会发生核型变化，因此需要定期对培养的胚胎干细胞进行核型鉴定。核型鉴定的方法是：按常规方法制备单细胞悬液及其染色体，进行 Gimsa 染色，油镜下观察 100 个细胞的整倍体数目，并计算整倍体比例。

3. 胚胎干细胞分化发育全能性的检测

（1）体外分化实验

包括拟胚体形成实验和定向分化实验，这是证实胚胎干细胞全能性重要方法，也是最常用的方法。胚胎干细胞在去除滋养层和分化抑制因子后悬浮培养，可形成含有内外胚层的类圆形三维结构，称简单拟胚体，继续培养可形成含有体腔的囊状拟胚体和含有内、中、外 3 胚层的拟胚体以及各个系列的细胞。定向分化实验是将胚胎干细胞在无滋养层和分化抑制因子并加入特定诱导因子的环境下培养，可分化为特定系列细胞。

（2）体内分化实验

将胚胎干细胞注射至免疫缺陷鼠皮下或肾囊内，观察能否形成畸胎瘤，如能检测到来源于 3 个胚层的细胞，可说明胚胎干细胞的全能性或多能性。

（3）嵌合体形成实验

将胚胎干细胞细胞核与正常胚泡融合后植入假孕母体子宫中，观察是否能形成嵌合体，一般可通过检测表型和组织同工酶来证实，这是验证胚胎干细胞全能性的非常有说服力的方法。

（4）重构胚实验

将胚胎干细胞细胞核移植到去核卵泡细胞形成重构胚，再将重构胚植入受体子宫，观察能否发育成个体，这是证实胚胎干细胞全能性的最有说服力的方法。

认识胚胎干细胞的衰老

细胞衰老的研究只是整个衰老生物学（老年学、人类学）研究中的一部分。所谓衰老生物学是研究生物衰老的现象、过程和规律。其任务是要揭示生物（人类）衰老的特征，探索发生衰老的原因和机制，寻找推迟衰老的方法，根本目的在于延长生物（人类）的寿命。

细胞依寿命长短不同可划分为两类，即干细胞和功能细胞。干细胞在整个一生都保持分裂能力，直到达到最高分裂次数便衰老死亡。干细胞分为胚胎干细胞和成体干细胞，胚胎干细胞可以来源囊胚内细胞群和原始生殖细胞，在体外经过抑制分化培养、克隆而获得，在体内无论内细胞群还是原始生殖细胞都只短暂的存在后便发生分化。内细胞将分化为机体所有细胞类型，而原始生殖细胞分化为生殖系细胞。在体外培养胚胎干细胞却能长期维持未分化状态并具有全能性，成体干细胞虽然在体内整个一生都保持分裂能力，但其分裂能力表现出随着有机体年龄的增高而下降，体外培养成体干细胞的传代代数明显的小于胚胎干细胞传代代数。大多数体细胞在 50 ~ 80 代有限的增殖后进入老化阶段。ES 细胞即使培养 1 年，传代 300 代仍表现有端粒酶的高活性。ES 细胞系高水平端粒酶活性的表达，表明其复制寿命要长于体细胞的复制寿命。

你知道吗？

繁殖的秘密——生殖细胞

生殖细胞是多细胞生物体内能繁殖后代的细胞的总称，包括从原始生殖细胞直到最终已分化的生殖细胞。此术语由 A·恩格勒和 K·普兰特尔于 1897 年提出以与体细胞相区别。体细胞最终都会死亡，只有生殖细胞有延存至下代的机会。物种主要依靠生殖细胞而延续和繁衍，长期的自然选择使每一种生物的结构都为其生殖细胞的存活提供最好的条件。

由于体内具有发育全能性的细胞存在时间短暂，很快分化为组织细胞，因此在体内很难建立胚胎干细胞的衰老模型，也很难认识胚胎干细胞衰老在体内的形态学改变。在体外实验中受分化因素、氧化剂、UV–C、电离辐射或者是补骨脂素等作用，ES 细胞可能出现衰老、凋亡甚至死亡改变。下面就胚胎干

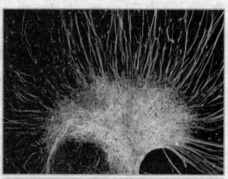

ES 细胞

胞主要的衰老、凋亡的改变以及衰老和凋亡可能的机制描述如下。

胚胎干细胞衰老的变化

1. 端粒和端粒酶的变化

胚胎干细胞在体外培养时，去除抑制分化的因子后胚胎干细胞会自发分化，分化细胞其端粒逐渐缩短，端粒酶活性下降。

2. DNA 改变

胚胎干细胞作为全能性干细胞具有分化形成包括生殖细胞在内所有体细胞的能力，胚胎干细胞的任何遗传改变就将导致整个细胞系遗传稳定和

功能的改变，因此胚胎干细胞在维持基因组稳定，应激防护和DNA修复能力较分化细胞强。但是这并不意味胚胎干细胞DNA不受损伤，实验证实在经过一定强度和浓度的氧化剂（如H_2O_2）、UV-C、电离辐射或者是补骨脂素诱导下DNA也会发生损伤。DNA的损伤表现为碱基改变、核苷酸改变和DNA单链或者双链断裂以及DNA链间交联。如在H2O2诱导胚胎干细胞DNA损伤实验中，采用可以识别特

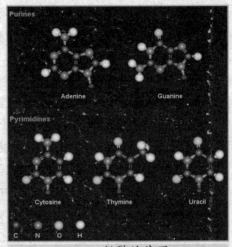

DNA 断裂的基因

定的损伤的酶消化类核，并引起 DNA 链断裂。通过彗星实验可以检测主要嘌呤氧化产物 8-oxoG 以及其他的变化了的嘌呤。用T4核酸内切酶 V 处理后 DNA 链断裂在嘧啶二聚体。8-羟基鸟嘌呤是 DNA 中常出现的高诱变氧化损伤，随老化 8-羟基鸟嘌呤在 DNA 中聚集增多，8-羟基鸟嘌呤可以和腺嘌呤错配，导致 G：C 到 T：A 突变。未经氧化诱导的凋亡细胞中，8-羟基鸟嘌呤含量有差异，在人胚胎干细胞中比 WI-38 细胞中明显低，提示8-羟基鸟嘌呤在胚胎干细胞中清除的速度更快，积累更慢；补骨脂素处理组可以诱导 DNA 链间交联，可以通过彗星实验检测经补骨脂素处理后人胚胎干细胞比分化细胞间 DNA 链间交联酶性脱钩更快。在电离辐射处理组，彗星实验可以直接检测 DNA 断裂，从而证实胚胎干细胞较分化细胞更快修复由电离辐射引起的 DNA 断裂。

3. 线粒体的变化

线粒体是真核细胞的重要细胞器之一，是动物细胞生成 ATP 的主要场所所在。线粒体基质的三羧酸循环酶系通过底物脱氢氧化生成 NADH，而 NADH 通过线粒体内膜呼吸链氧化。同时，导致跨膜质子移位形成跨膜质子梯度和（或）跨膜电位。线粒体内膜上的 ATP 合成酶利用跨膜质子梯度能量合成 ATP，合成的 ATP 通过线粒体内膜 ADP／ATP 载体与细胞质中 ADP 交换进入细胞质，参与细胞的各种需能过程。JianfeiJiang 等的研究表

明：胚胎干细胞在受到电离辐射时，线粒体跨膜电位的耗散、解联的呼吸链会产生大量活性氧，氧化线粒体内膜上的心磷脂，还可导致通透性转变孔道的开放以及细胞色素 C 的释放。

4. 蛋白质羰基化和糖基化终末产物

新生的个体中却没有衰老个体所具有的蛋白质损伤情况，新生个体是如何保证没有如衰老个体损伤的蛋白质机制尚不清楚，但出乎意料的是未分化胚胎干细胞内蛋白质的羰基化和糖基化终末产物的水平都比较高。在体外，胚胎干细胞分化过的时候，细胞蛋白质的羰基化和糖基化终末产物的水平都明显降低，伴随有 20S 蛋白酶体的活性增强。在体内，内细胞群中蛋白质的羰基化和糖基化终末产物随细胞分化成滋养层细胞时候也明显降低，这种受损蛋白质的清除或许是胚胎发育特定阶段在蛋白质水平的复壮。

胚胎干细胞在衰老、凋亡的结构变化外，还可能涉及细胞膜的改变、细胞中受自由基诱发的脂质过氧化作用产生的脂褐质，以及细胞骨架系统和高尔基体和溶酶体等细胞器的改变，随研究的深入这些问题会得到更深一步的揭示。

胚胎干细胞衰老的原因及可能机制

人们对衰老的机制有各种各样的理解，提出了很多的假说和理论，多是从不同角度和深度反映了衰老这一复杂过程的某一侧面或层次。直到 20 世纪 90 年代以来，其分子机制的研究才有了重大进展。倾向于衰老是一种多基因的复合调控过程，表现为染色体端粒长度的改变、DNA 损伤（包括单链和双链的断裂）、DNA 的甲基化和细胞的氧化损害等，这些因素的综合作用才造成了细胞寿命的长短。

1. 错误成灾学说

错误成灾学说亦称"蛋白质合成差错成灾学说"，近年来这个学说有所发展。1973 年 Orgele 提出了细胞大分子合成错误成灾学说。意思是说，

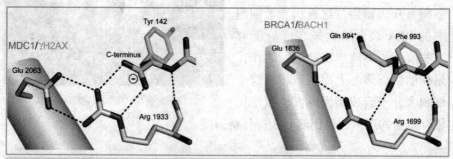

DNA 双链断裂修复

细胞里的核酸和蛋白质在生物合成中如果由于某些原因而发生差错，这差错会得到累积而迅速扩大，引起代谢功能大幅度降低，造成衰老。在细胞里核酸合成蛋白质（酶），因为蛋白质（酶）是以核酸分子做样板合成的；蛋白质（酶）造出核酸，因为核酸的合成需要酶，例如，聚合酶的协助。酶是蛋白质，所以核酸和蛋白质在合成中形成一种循环，相互联系、相互协作、相互制约。如果在一次循环中出现一个错误，这错误会在下一次循环中得到扩大。这样错误在几次循环中会很快扩大而成灾，使细胞功能大大降低，造成衰老。

最近，在人工培养的人的成纤维细胞工作的基础上，从上述细胞中提取 DNA 聚合酶，利用这种酶进行 DNA 复制实验，结果发现上述成纤维细胞经过 40 ~ 56 次的继续培养，其 DNA 聚合酶的活性显著地降低了，大约降低到只有正常细胞的 1/5 活性。从此以后，这些细胞就迅速衰老而死亡。上述研究者还做了另一个实验，他们从年老的（即经过很多次继代培养的）和年轻的（只经过若干次继代培养的）上述成纤维细胞分别提取出 DNA 聚合酶，用人工合成 DNA 分子作样板进行离体 DNA 复制实验，得到一些有趣的结果。人工合成的 DNA 分子有意设计成只含碱基腺嘌呤（A）和胸腺嘧啶（T），而不含有胞嘧啶（C）和鸟嘌呤（G）。按照核酸分子碱基配对的原理，在 DNA 合成中 A 只能和 T 配对，T 只能和 A 配对。

因此在上述离体实验中，如果 DNA 聚合酶能忠实执行任务，那么所合成的 DNA 分子中就不能含有 C 或 G 的碱基。如果所提出的 DNA 聚合酶在帮助合成 DNA 分子中用了一个 C 或一个 G 去合成 DNA，就算是一次错误。实验结果发现，从经过 56 次继代培养的上述衰老细胞中提取出来的 DNA 聚合酶，在合成 DNA 分子中比从年轻细胞中取出来的 DNA 聚合酶要

第五章　胚胎干细胞

多犯好几次错误，这表示衰老细胞中的 DNA 聚合酶大概在成分上有一些改变，不能忠实地进行工作，累积的错误多。上面所叙述的这个细胞大分子合成错误成灾说似乎比较有根据的理论，但仍然有人持怀疑态度。

DNA 聚合酶

你知道吗？

生物催化剂

酶是具有生物催化功能的生物大分子，即生物催化剂，它能够加快生化反应的速度，但是不改变反应的方向和产物。也就是说酶只能用于加速各类生化反应的速度，但并不是生化反应本身。酶是一种由氨基酸组成的具有特殊生物活性的物质，它存在于所有活的动植物体内，是维持机体正常功能，消化食物，修复组织等生命活动的一种必需物质。

2. 氧化性损伤学说

细胞衰老既不是细胞内出现差错，也不是由蛋白质异常引起，而是受外源性干扰造成的。例如，自由基受外源性干扰就会引起衰老。自由基是失去电子的分子。在体内它是由空气污染、辐射以及正常代谢过程中产生的。它们对许多生物功能非常重要，认为没有自由基的生物就不能生存。自由基与其他分子作用得到电子，其中一些随机作用对细胞和机体组织十分有害，这些效应的积累便导致了人体的衰老。自由基是衰老的根源，衰老的原因 99% 是由此造成的。自由基造成的变化或作用的积累不断增加，引起了衰老，这种自由基可能专门破坏细胞合成和修复 DNA 的能力，尤其是在线粒体内。

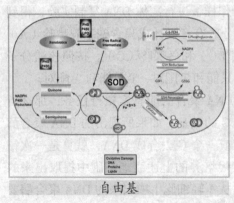

自由基

对这一理论也有一些不同看法。首先，大多数自由基存在的时间很短；其次，机体内具有抗氧化剂来对抗自由基的防御能力，如过氧化物歧化酶和维生素 E。增加食物中的维生素 E 不能抵抗自由基的有害作用，相反，它会使机体减少其他抗氧化剂的产生。实验室培养的正常细胞当给予维生素 E 后，其生长和分裂最终仍不能连续超过 50 次这个限度。尽管某些疾病与自由基和抗氧化剂有关，但仍无确切证据证明它们与衰老之间有联系。

3. 发育程序与衰老

按发育程序衰老学说的理论，衰老在最早期的发育过程中就开始了，并且在整个一生中都以这一规律的方式发育。生物种类都有其独立而限定的最大寿命，这一事实支持了这个理论。有的研究认为，控制生长发育的基因在各个时期均可开启或关闭，有些在生命晚期发挥作用的基因可能控制着衰老。衰老变化只是一种调节某一动物从受精卵到性成熟的这一发育阶段的正常遗传信号的继续，甚至可能存在有衰老基因，使按顺序方式进行的生化途径减慢或终止，并引起预期的衰老变化表现。头发灰白、绝经和运动的减退是与衰老有关的几种事件，这些事件是由遗传决定的，不同类型的细胞表现的时间不同。因此，衰老的根源可能是衰老速度最快，影响最大的几种关键细胞的缺陷。所谓的衰老基因的功能，与在胚胎发育过

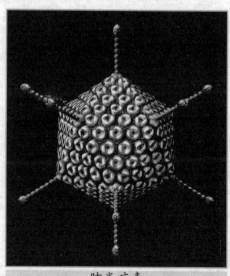

肺炎病毒

程中大规模发生的细胞正常功能的衰退和死亡相类似。在不同的组织中有不同的速度，最后引起正常的衰老变化，从而使身体易于患病。不少科学家认为，衰老是由机体内的器官所控制。几种假说都提到控制机体的中心——大脑，免疫系统和神经内分泌系统，这些特殊的器官和系统决定着发育和衰老的速度。当机体衰老后，免疫系统抵御疾病传染的能力显著下降，肺炎病毒对青年人威胁甚微，但却常使老年人丧命。老年人得癌症的比青年

第五章 胚胎干细胞

人多，这是因为免疫系统功能减弱，不能识别和消灭变异的细胞所致。生物老年医学是一相当新的领域，还缺乏基本的资料，上面所介绍的几种假说将来可能会发现是错误的，或至少存在着片面性。因为引起衰老的原因也许不只是单独一个因素，很可能它是包括许多综合的因素在内，是许多因素相互作用的结果。

4. 线粒体 DNA 与衰老

Sen-DNA、mtDNA 突变积累与细胞衰老有关。佛罗里达大学的一项研究在线粒体中发现因肥胖和缺乏锻炼（不是来自自由基的氧化压力）导致的线粒体 DNA 突变可能是衰老过程中的一个关键因子，并且可能与自由基的释放无关。

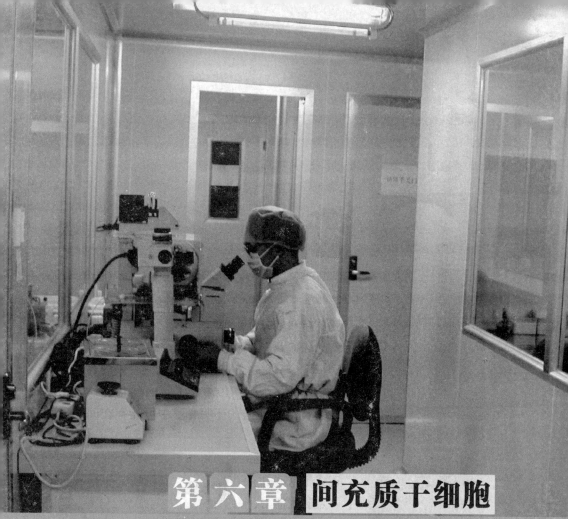

第六章 间充质干细胞

间充质干细胞是干细胞家族的重要成员，来源于发育早期的中胚层和外胚层。间充质干细胞最初在骨髓中发现，因其具有多向分化潜能、造血支持和促进干细胞植入、免疫调控和自我复制等特点而日益受到人们的关注，在临床上已经被广泛应用，挽救了很多患者的生命。

第一节 间充质干细胞概述

间充质干细胞概述

作为成体干细胞的一种，间充质干细胞（MSC）是一群中胚层来源的、具有自我更新和多向分化潜能的多能干细胞。

MSC 最初在骨髓中发现。早在 1867 年，德国病理学家 Cohnheim 通过实验推测骨髓内存在非造血功能的干细胞；1976 年 Friedenstein 首次提供了较为直接的证据，证明骨髓中可能存在间充质细胞的前体细胞；1991 年 Caphan 正式把这些具有一定黏附能力，在体外能高度扩增、并可多向分化的细胞群命名为间充质干细胞。

间充质干细胞造血系统

1999 年 Pittenger 等将骨髓单个细胞贴壁培养形成集落，在不同条件下分别诱导，其分化为软骨细胞、成骨细胞、脂肪细胞、肌肉肌腱细胞等多种细胞，说明 MSC 是不同于造血干细胞的具有多向分化潜能的干细胞。2004 年 PhilippeTrope 将分离方法改良，用贴壁法结合免疫磁珠分选法从小鼠骨髓中分离出间充质干细胞。

间充质干细胞的分类

目前，科学家已经从如下多种组织中分离出间充质干细胞，多种组织来源的 MSC 的特点分述如下：

1. 骨髓来源的间充质干细胞

实验证明骨髓中存在的间充质干细胞是一种比较原始的骨髓基质细胞，在骨髓中的含量很低，它除了具有间充质干细胞的自我更新和多向分化潜能外，在适宜的条件下可被诱导分化为各种组织细胞，如肌细胞、成骨细胞、软骨细胞、脂肪细胞等。此外，骨髓间充质干细胞还具有基质细胞的特性，能够分泌各种细胞因子，支持造血功能。

由于骨髓间充质干细胞来源方便，易于分离、培养、扩增和纯化，多次传代扩增后仍具有干细胞特性，不存在免疫排斥，体外基因转染率高并能稳定高效表达外源基因，所以它是近年来间充质干细胞研究的最主要的细胞来源。

2. 肌肉来源的间充质干细胞

骨骼肌中存在具有早期生肌祖细胞特性的细胞，通过形态学和组织化学分析判断，可以分化成包括具有骨骼肌、平滑肌、骨、软骨和脂肪表型的细胞。Williams 等通过对成人骨骼肌的研究，证实成人骨骼肌中存在具有早期生肌祖细胞特性的细胞。虽然该研究所用的培养条件（马血清和明胶贴附）并不是间充质干细胞生长、扩增的常规条件，但这些结果说明在骨骼肌中确实存在间充质干细胞。

脂肪细胞

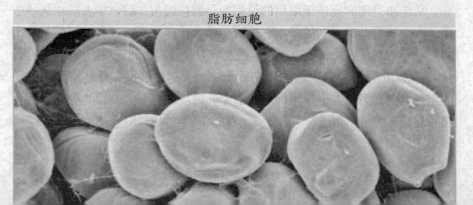

第六章　间充质干细胞

你知道吗?

身体的支架——骨骼肌

骨骼肌又称横纹肌，肌肉中的一种。人体大约有 600 多块骨骼肌。骨骼肌（在此之后只称作肌肉）是由数以千计，具有收缩能力的肌细胞（由于其形状成幼长的纤维状，所以亦称作肌纤维）所组成，并且由结缔组织所覆盖和接合在一起。任何的体育活动，都是骨骼肌收缩的成果，人体共有 600 多条骨骼肌，约占全身重量的 40%。骨骼肌的力量和耐力，都直接影响到运动时的表现。

不仅骨骼肌来源的细胞表现出间充质干细胞的特性，而且其他肌肉组织如心脏来源的细胞也表现出间充质干细胞的特性。Warejcka 等报道，新生大鼠心脏培养物产生的贴壁星形细胞与地塞米松共培养后，能产生具有脂肪细胞、成骨细胞、软骨细胞、平滑肌细胞、骨骼肌管和心肌细胞特性的几种间质细胞表型的细胞。

Beauchamp 等通过鼠体内的成肌细胞移植实验表明，间充质干细胞永久存在于受体的肌肉环境中。

3. 脐血来源的间充质干细胞

脐血中是否有间充质干细胞曾经存在争议，虽然也有少数研究者认为脐血中根本没有间充质干细胞，但越来越多的实验证明脐血能分离得到间充质干细胞。脐血间充质干细胞的形态、免疫表型和生长方式等生物学特征与其他来源的间充质干细胞大致类似。

4. 胎盘来源的间充质干细胞

从羊水分离间充质干细胞的设想很早就被提出，后来学者陆续从孕中期羊水、羊膜及孕末期的羊水、羊膜、胎盘小叶、底蜕膜和壁蜕膜培养出间充质干细胞，从人成熟胎盘的羊膜及绒毛膜分离出间充质干细胞样细胞，且 RT—PCR 分析胎盘来源的间充质干细胞表达中胚层、外胚层和内胚层的相关基因，另外其干细胞标志及造血／内皮细胞相关基因的表达也与骨髓间充质干细胞相似。

5. 外周血来源的间充质干细胞

和骨髓一样，出生后外周血中存在两类干细胞：造血干细胞和间充质干细胞。现认为它们可能都来源于骨髓，可分化为不同种类的细胞，参与机体不同组织器官的正常功能活动和损伤修复。一些研究没有找到外周血中存在间充质干细胞的证据，但更多的研究结果证明，出生后外周血中仍然存在间充质干细胞，且生物学特性和骨髓间充质干细胞相似。

6. 脂肪组织来源的间充质干细胞

Dicker 等从皮下脂肪分离出间充质干细胞，且与骨髓来源的间充质干细胞相比无明显的差异，两者均表达 STRO-1 和 CD44，但脂肪来源的间充质干细胞的成骨作用和成软骨作用较骨髓来源的间充质干细胞有一定的差异性。

7. 血管来源的间充质干细胞

目前对于血管来源的间充质干细胞研究并不多，但从血管的发育过程可以看出，其中间细胞代表了具有至少可分化为平滑肌系潜能的血管居留间充质干细胞。

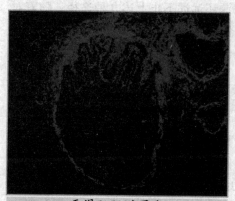

平滑肌肌动蛋白

大多数血管是从一个内皮管开始发育的，然后经血管平滑肌细胞包裹而成，而血管平滑肌细胞是从一个未分化的血管周围间充质干细胞发育而来的。血管周围间充质干细胞具有骨髓来源的间充质干细胞的许多特性，诸如 α-平滑肌肌动蛋白、血小板源生长因子受体介导的生长刺激和通过典型的平滑肌通路的分化潜能。

8. 骨来源的间质干细胞

有关骨来源的间充质干细胞的特性和分化潜能的研究报道愈来愈多，

第六章 间充质干细胞

研究人员应用不同的实验方法建立了骨来源的间充质干细胞的培养体系，其中既有非定向分化的间充质干细胞，也有定向分化为骨的骨前体细胞。由此说明非定向分化的间充质干细胞不仅存在于骨髓中，而且也存在于骨中。在一定条件下它们能够自我更新，定向分化为具有骨组织表型和骨功能特性的细胞。

9. 软骨来源的间充质干细胞

体内研究表明，关节软骨具有一定的修复能力，说明软骨的局部存在一类能够最终发育为软骨的细胞。但它们修复组织的能力有限，受这类细胞的数目和调节因子的量的限制。

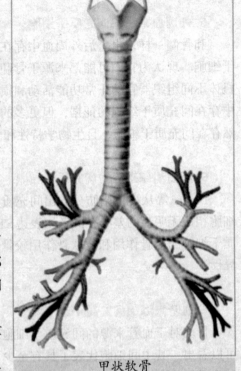

甲状软骨

由于间充质干细胞广泛分布于胎儿和成体的各种组织细胞中，其来源还远远不止上述九种途径。随着对间充质干细胞研究的逐渐深入，相信会发现有更多的来源。

间充质细胞的特性

间充质干细胞作为成体干细胞的一种，和其他成体干细胞一样，具有强大的增殖和多向分化潜能。但它与其他成体干细胞不同的是，间充质干细胞不仅能分化为功能细胞，还能分化为功能细胞以外的物质——细胞间质组织。这些细胞间质组织充斥在细胞之间，构成细胞生存的微环境，对细胞的稳定、细胞的寿命、细胞的功能以及细胞外与细胞内的物质交换都产生很大的影响，间充质干细胞的命名就是因为其能分化为细胞间质组织而得名。

在这里，有必要对一些组织细胞的概念作进一步的说明：

构成人体的基本组织可归纳为四大类：上皮组织，结缔组织，肌组织，神经组织。（其中，狭义结缔组织指固有结缔组织，包括疏松结缔组织、致密结缔组织、脂肪组织和网状组织；广义的结缔组织还包括流动的血液和淋巴、坚硬的软骨组织和骨组织，肌组织等。结缔组织广泛分布于机体各器官中，具有支持、连接、充填、营养、保护、修复和防御等功能）结缔组织是四大基本组织中结构和功能最为多样的组织，由细胞和细胞间质组成。

细胞间质广泛分布在人体各部分，在人体内约占体重的 23%。如果说细胞内的物质主要产生化学变化，那么细胞间的物质则主要起物理支撑和润滑作用。在多细胞的个体中，间质成分是不断更新的，在生命历程中，随着细胞的衰老，间质的更新变慢，并且逐渐老化而影响细胞的代谢活动。

细胞间质包含纤维和基质两种成分。纤维分 3 种，即胶原纤维、弹性纤维和网状纤维。胶原纤维是间质中纤维的主要成分，在电子显微镜下观察，可见它是由更细的胶原微纤维集合组成。胶原纤维和胶原蛋白是什么关系呢？胶原蛋白是由无数根胶原纤维束组合而成，换句话说，胶原蛋白像是由一条条细长胶原纤维形成的网套。一般衡量胶原蛋白的年龄变化时，常用吸收水能力为指标。人类到 30 ~ 50 岁时，胶原蛋白吸水膨胀能力会下降；50 ~ 70 岁时，下降趋势会更明显。有研究认为，女性的皮肤之所以比男性老得快，是因为她们比男性需要消耗更多的胶原蛋白。弹性纤维是结缔组织中另一种主要纤维，是弹性较大的纤维。它的分布较胶原纤维更有选择性，只存在于机体伸展与收缩力的作用下富于弹性的组织中。网状纤维很纤细，相连成网状而不成束，在一些细胞构成组织或器官时，作为支撑承托的网架。它多分布于肌膜的外层、毛细血管周围和淋巴结等处。

基质是由粘蛋白和水形成的胶体，充填于纤维之间，是细胞外的微环境。细胞间质随着衰老的进程，纤维蛋白结构中的交联现象增加，过多交联可使结缔组织对激素、营养物质及代谢产物的通透性降低，妨碍了结缔组织的多种重要功能，从而导致机体的衰老。

MSC 的生物学特性在相差显微镜下，显示出成纤维细胞外观，其主要形态是梭形和纺锤形，体积较大。透射电镜下，大部分 MSC 表现为椭圆形、核大、胞质内细胞器少，相邻细胞间可见缝隙连接，因为缝隙连接在胚胎细胞中广泛存在而在分化成熟的细胞中几乎没有，这说明 MSC 是处于分化早期的干细胞阶段。

MSC 细胞

通过对 MSC 细胞周期的研究发现，大多数细胞处于 G_0／G_1 期，这表明 MSC 尚有强大的分化增殖潜力。研究还发现，MSC 在低糖条件下比高糖条件下更易于增殖，培养 MSC 常用的基础培养基是低糖型的 DMEM（通常就是些氨基酸、糖类、维生素、平衡盐和缓冲盐）。Lennon 等发现不同品系的胎牛血清对 MSC 的贴壁、扩增以及多向潜能的维持作用各不相同，同样，不同浓度的血清对培养 MSC 纯度亦有较大影响。从实际经验来看，在低糖 DMEM 中加入 15％的胎牛血清最有利于 MSC 的培养。高浓度血清中含有大量促进细胞增殖分化的因子，容易使细胞过早出现老化，反而不利于 MSC 的生长。

本产业技术综合研究所发表新闻公报说，他们解决了间充质干细胞提取几周后，其增殖能力会急剧下降的问题。该研究所的具体做法是利用逆转录酶病毒将"Nanog"和"Sox2"这两种基因导入增殖能力下降的间充质干细胞，结果显示，未导入这两种基因的干细胞在 3 ～ 6 周后数量只增加了 10 倍，而导入"Nanog"等基因的干细胞增加到原有数量的约 1000 倍。

大部分 MSC 在特定诱导条件下可分化为多种细胞。以前发现 MSC 分化出的细胞类型有肌细胞、骨细胞、软骨细胞、纤维细胞、肝细胞、肌腱细胞、上皮细胞、血细胞、基质细胞、神经细胞等等，研究还发现：MSC 在一定条件下还可以转化为胰岛细胞、肾小管细胞等。

你知道吗？

神奇的激素——胰岛素

胰岛素是一种蛋白质激素，由胰脏内的胰岛 β 细胞分泌，是机体内唯一降低血糖的激素，同时促进糖原、脂肪、蛋白质合成。胰岛素参与调节糖代谢，控制血糖平衡，可用于治疗糖尿病。其分子量为 5808 道尔顿。外源性胰岛素主要用来糖尿病治疗，糖尿病患者早期使用胰岛素和超强抗氧化剂如（注射用硫辛酸、口服虾青素等）有望出现较长时间的蜜月期，胰岛素注射不会有成瘾和依赖性。1921 年 4 月 15 日，班廷与贝斯特发现了胰岛素。1921 年 7 月 27 日，胰岛素分离成功。1965 年 9 月 17 日，中国首次人工合成了结晶牛胰岛素。

  影响 MSC 分化方向和分化过程的因素有多种。据研究，不仅间充质干细胞所在的微环境决定其分化方向，而且它是否与邻近的细胞有直接接触、与何种细胞接触也在很大程度上影响着它的分化过程。

  间充质干细胞还有特殊的免疫学特性。动物实验和初步的临床研究表明，自体或异体的骨髓来源的间充质干细胞其移植未引起显著的不良反应。体外的实验研究也表明自体或异体骨髓间充质干细胞能够抑制混合淋巴细胞反应或由 PHA（植物血凝素，是一种有丝分裂原，主要用于激活免疫细胞——淋巴细胞，是利用国际先进的超低温冷冻技术从红芸豆中提取的一种物质）刺激引起的 T 淋巴细胞增殖。间充质干细胞抑制 T 淋巴细胞增殖作用的程度与间充质干细胞的数量成正比，即间充质干细胞数量越多，抑制作用越强。

第六章　间充质干细胞

第二节 间充质干细胞衰老与疾病

间充质干细胞的衰老

MSC 在体外培养中具有很强的增生能力，从理论上讲，它们可以无限增殖、生长，但它们并不是永生的。Wagner 等报道培养 7 ~ 12 代的人 MSC 出现衰老；传代培养 12 代以后的胎儿骨髓 MSC 开始出现衰老征象；传代培养 10 代以后的大鼠骨髓 MSC 也开始出现衰老征象。这表明细胞在体外培养生长的同时已开始老化。

老化的 MSC 会出现一些形态变化，细胞变得宽大扁平，多角形、星形细胞的比例增加；核变大，细胞质内出现细小颗粒，或者空泡；细胞的折光度差，黏附能力增加，大而扁平的哺乳动物成体干细胞似乎增殖更慢。此外，也表现为数量减少、分裂能力降低、端粒长度的缩短、分化潜能和再生能力的降低。而且取自老年个体的间充质干细胞出现上述变化的时间稍早于取自年轻个体的间充质干细胞，表明间充质干细胞的年龄差异。检测人 MSC 的细胞厚度和 MSC 增殖力，发现厚的细胞增殖力强，薄的细胞增殖力弱，这提示细胞厚度可以估计 MSC 增殖力。

老化的 MSC 的增殖能力降低，还有生化及基因调控的改变。D-半乳糖在体外可诱导鼠的骨髓 MSC 老化。学者用 D-半乳糖连续 8 周皮下注射建

立了衰老小鼠模型，移植 BMSC 后
检测小鼠体重、免疫器官重量，肝
组织、血清超氧化物歧化酶活力和
丙二醛含量，全血活力等，结果表
明 BMSC 可能具有抗衰老作用。他
们给予 5 周龄雄性小鼠全身照射后，
检测其 BMSC 表达衰老相关 β 半
乳糖苷酶和衰老相关基因的情况，
未见到全身照射诱导小鼠骨髓间

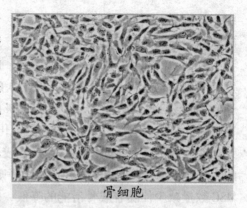

骨细胞

充质干细胞出现细胞衰老相关改变。而高浓度的丙二醛对体外培养骨髓间
充质干细胞生长与增殖有双重影响，造成 hMSC 细胞数减少，群体倍增时
间延长，细胞活力明显降低，细胞的凋亡率增加，但 G\-2／M 期和 S 期
的细胞百分率明显增加，启动、引发干细胞的分裂繁殖。取 17～90 岁人
MSC，检测 β 半乳糖苷酶、增殖、凋亡、p53 基因途径，成骨细胞分化能
力，与年轻组比，老年组 MSC 的 β 半乳糖苷酶阳性细胞的高 4 倍，增殖
1 倍的时间长 1.7 倍，并与年龄呈正相关。随着年龄增加，凋亡细胞也增加，
p53 基因以及其通路基因 p21 和 BAX 表达增加。

　　总之，人 MSC 随着年龄增加而增殖能力和成骨细胞分化能力降低，与
衰老相关的 β 半乳糖苷酶阳性细胞和凋亡细胞数均增加。而且，增殖能
力弱的细胞高表达多种衰老相关基因，p53 通路随着年龄增长而上调，可
能在调节 MSC 增殖和向成骨细胞分化中起重要作用。

　　目前关于衰老对 MSC 分化潜能的影响可能受研究方法和条件的限制而
有不同的报道，但趋向于分化能力减弱。Dressler 等用青年和老年兔的骨
髓干细胞移植进行肌腱损伤后的修复比较，未发现二者存在差异。张浩等
比较了老年和年轻大鼠的 BMSC 移植对心肌梗死模型的效果，发现老年大
鼠干细胞移植后局部的血管密度无明显减少，但是移植后心脏功能的恢复
明显差于年轻的干细胞移植，诱导后的转化率降低。Liang 等分别用年轻
和老年 C57BL／6 小鼠的骨髓细胞对 Ly5 小鼠进行移植比较，发现老年小
鼠干细胞移植后形成克隆的大小虽然相同，但是数量较年轻小鼠低 3 倍，
而且造髓的作用明显延迟，表现在外周血象各项指标的恢复也相应延迟。
因此，尽管结论尚不完全一致，大多数的结果还是提示老化干细胞移植后

第六章　间充质干细胞

谷胱甘肽过氧化物酶

组织的修复有不同程度和不同方面的缺陷。因此，MSC 移植时，以年轻个体来源的 MSC 和培养代数较低的细胞为好。Muraglia 等对 185 个人的 BMSC 分化进行了分析，其中有 184 个能够向骨细胞分化，60% ~ 80% 的细胞能够向骨和软骨同时分化，1/3 能够向骨、软骨、脂肪 3 个方向分化；此项研究还发现，BMSC 的单项分化能力并不存在年龄差异，但是比较双向或者三向分化能力，年轻小鼠的干细胞要强于年老小鼠。Stolzing 等则发现随着大鼠年龄的增长，骨髓 MSC 数量减少伴随着成骨潜能的降低，表现为 ALP 阳性，CFU_F、钙沉积阳性 CFU_F 和胶原阳性 CFU_F 的减少。同时细胞内 ROS、硫代巴比妥酸反应产物水平增高，抗氧化酶超氧化物歧化酶和谷胱甘肽过氧化物酶活性降低。这表明衰老动物中组织稳态维持能力的降低不仅和干细胞数量减少有关，还与氧化损伤积累导致的干细胞功能丧失密切相关。

　　Post 等认为骨髓中存在不同的 MSC 亚群，有的亚群可能不发生老化。临床上观察到老年人的脂肪数量增加的同时有骨质的减少，这是否由于 MSC 向其中一个特殊细胞系分化的结果。为此，他们分析了鼠的骨髓 MSC 克隆（mMSC1 和 mMSC2），已经培养 100 多 PD（群体倍增数），生长率没有变化。2 个细胞系均表达鼠的 Sca-1 和 mMSC1、CD13。mMSC1 只能分化为脂肪细胞，表达 aP2、adiponectin、adipsin、PPARgamma2 和 C / EBPa，油红染色阳性。mMSC2 则只能分化为成骨细胞，上调表达成骨细胞的标志物，在体外能形成被茜素红染色钙化基质，移植到免疫缺陷小鼠的皮下能形成骨。这表明骨髓中存在不同的细胞亚群，可能在老化和疾病发生中有不同的变化。

你知道吗？

重要的成骨细胞

　　成骨细胞是骨形成的主要功能细胞，负责骨基质的合成、分泌和矿化。骨不断地进行着重建，骨重建过程包括破骨细胞贴附在旧骨区域，分泌酸性物质溶解矿物质，分泌蛋白酶消化骨基质，形成骨吸收陷窝；其后，成骨细胞移行至被吸收部位，分泌骨基质，骨基质矿化而形成新骨。破骨与成骨过程的平衡是维持正常骨量的关键。

衰老的 MSC 还可出现染色体改变，但还需进一步研究确证。Izadpanah 等通过体外长期培养比较了人 BMSC、人 AMSC 和猕猴的 BMSC 细胞周期特点。人 AMSC 与猕猴的 BMSC 群体倍增数明显高于 hBMSC 和猕猴的 AMSC。所有 MSC 随着培养时间延长都有细胞周期的改变。hMSC 在第 20 代和第 30 代时，S 期的细胞增加，而猕猴的 BMSC 和 AMSC 在第 20 代时发展成一个明显的多倍体群体，在第 30 代时形成非整倍性群体。染色体组型分析显示为四倍体或者非整倍体核型。猕猴的 AMSC 和 hBMSC 表达基因功能分析显示，涉及细胞周期、细胞周期检查点、编程性细胞死亡的途径均有改变。

Meza-Zepeda 等用高分辨率微点阵比较基因组杂交技术分析了培养的人 AMSC 的染色体畸变，结果仅在一个较早期的细胞克隆中见到 3 个染色体末端着丝粒的区域有轻微的缺失，而这个细胞克隆在继续培养中消失。培养 6 个月，都没有见到随着时间延长细胞衰老而出现的染色体畸变，因此认为在这样的培养条件下长期培养的人 AMSC 是安全的，不会导致染色体畸变。

间充质干细胞衰老的机制

细胞衰老的原因有多种学说，包括基因组和线粒体基因组完整性的丧失、表观遗传学的改变、基因表达失衡、遗传的因素、DNA 损伤和 DNA 修复能力的逐渐丢失、氧化损伤以及细胞端粒末端的缩短等，均被认为是促进衰老的因素，导致细胞不可逆的生长抑制，包括功能和复制能力的改变。Tam 等认为通过一些技术能使分化了的细胞再编程转变成较原始的状态，尤其是体细胞核移植（SCNT）技术确切地显示了其完全逆转分化，或

体细胞核移植培养出的羊

衰老的细胞成为有活力的全能状态的能力，因而细胞衰老不是一个不可逆的过程。干细胞衰老的机制极其复杂，MSC 衰老的机制尚不十分清楚，有关研究报道各异，主要有复制性衰老、端粒与端粒酶调控、DNA 甲基化、衰老相关基因调控等。

1. 复制性衰老

在体外细胞培养过程中大多数正常的细胞增生有一个极限，即使是在最佳的培养条件下，到达这一极限后每个单一的细胞将停止分裂，这种现象称为复制性衰老。而原代细胞在某些特定的应激条件下也能启动其永久的不可逆的增生阻滞，常被称为"早熟性衰老"。MSC 的衰老的报道多为纯化或富集的 MSC 单层培养的研究结果，应该属于复制性衰老或者早熟性衰老，培养的 MSC 显示出不同的复制性衰老表型。人 MSC 停止生长非常早，为 40 ~ 50PDS，而大鼠 MSC 可传代达 100 多 PDS。体内的 MSC 处于由多种细胞和基质构成的复杂的网状结构骨髓，这些成分相互作用组成了骨髓微环境，调控 MSC 的行为，维持干细胞的数量和功能。细胞、基质等成分本身也存在衰老相关的改变，也能影响 MSC 的功能。因此，MSC 本身的衰老和其所在环境的衰老样改变都可能是 MSC 衰老的原因。

Wagner 等观察了人 MSC 的复制性衰老。在体外培养 43 ~ 77 天（第 7 ~ 12 代），MSC 显示形态衰老的改变，细胞体积增大，表达表面标记物减少，最后停止分裂。向成骨分化趋向增加，而向脂肪分化趋向减弱；mRNA 表达显示与 MSC 在不同通路的总体基因表达改变一致，这些变化随着传代的增加而逐渐获得。涉及细胞周期、DNA 复制和修复的基因在传代细胞中明显的低表达，来自不同供体和不同培养条件的 MSC 基因表达有所不同，而 miRNA 表达检测揭示 hsa-mir-371、hsa-mir-369-5P、hsa-mir-29c、hsa-mir-499 和 hsa-let-7f 为上调表达。该研究提示 MSC 的复制性衰老是一个有序的连续的过程，包括表型的改变、分化潜能、总体基因表达模式等。因此，提出在制备治疗用 MSC 时均应考虑这些因素的影响。

Lepperdinger 在研究 MSC 的培养方法和操作是否影响 MSC 的安全性后，提出培养可能造成对细胞内外影响的损伤。鼠的 MSC 在培养时易于转化，但人的 MSC 相反，其原因之一是人的 MSC 经过长时间培养出现复制性衰老，就限制了其增殖和分化能力；另一方面是消除使用有致病体血清培养扩增

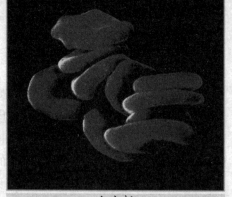

血小板

细胞的污染。他们最近用人血清血小板溶胞产物作为选择生长因子和基本补充，在没有动物血清的情况下培养的 MSC 可以出现非损伤性细胞增殖，因此提出 MSC 衰老和这些细胞的临床应用可能有潜在危险。

2. 端粒与端粒酶

端粒是真核细胞染色体末端富含 G 的 DNA 重复序列，端粒酶是一种能延长端粒末端的核酸蛋白酶。该酶由蛋白质和 RNA 组成，以其自身的内源性 RNA 为模板，通过 RNA 指导的 DNA 合成作用向端粒末端添加（TTAGGG）n 序列，使端粒延长，从而延长细胞的寿命。通过细胞内一些生物分子对基因表达和表观遗传学的调控，也可直接或间接调控端粒长度和端粒酶活性。Flores 和 Satin 的研究均表明，端粒缩短会抑制皮肤干细胞的激活和增殖能力，阻碍毛发生长。因此，端粒和端粒酶对成体干细胞的激活与增殖有重要作用。已经证实，hMSC 分裂时端粒变短与细胞不对称分裂关系密切，当不对称分裂同时有永生链的分离，端粒就会变短。该理论认为干细胞的不对称分裂时，一个子细胞保持干细胞原有的 DNA 模板，另一个要分化的子细胞含有新合成的 DNA 链。通过这种方式，干细胞能保证其基因组不受复制错误的影响，也避免了末端复制问题导致的端粒缩短。

你知道吗？

神奇的 DNA

DNA 是脱氧核糖核酸的简称，它是一种分子，可组成遗传指令，以引导生物发育与生命机能运作。主要功能是长期性的资讯储存，可比喻为"蓝图"或"食谱"。其中包含的指令，是建构细胞内其他的化合物，如蛋白质与 RNA 所需。带有遗传讯息的 DNA 片段称为基因，其他的 DNA 序列，有些直接以自身构造发挥作用，有些则参与调控遗传讯息的表现。

成体干细胞很低水平的端粒酶与其端粒逐渐变短非常一致，但可能

第六章 间充质干细胞

存在端粒不同的 MSC 亚群。体外细胞培养及老年供体来源 BMSC 的研究显示，人 BMSC 的增殖能力与端粒长度之间具有显著相关性。人 BMSC 每次分裂将出现端粒的消逝，直至 10kb 时，干细胞停止分裂。Serakinci 和 Graakjaer 等均发现长期培养的 hMSC 的端粒的长度低于平均值。4 例 MSC 的端粒与淋巴细胞非常相似，hMSC 约在 22PDS 时开始衰老，这提示在 hMSC 和淋巴细胞中存在端粒动力学的随机性变动。但保持端粒末端转移酶活性的 hMSC 已经生长到 189PDS，并保持稳定的端粒长度，而且在早期和传代后期的细胞中是一致的，因此提出可能存在端粒不同的 MSC 亚群。

端粒酶逆转录酶（TERT）作为端粒酶的逆转录酶，与细胞端粒酶的活性高低密切相关。端粒酶的激活可以延缓细胞的衰老，甚至使细胞永生化。Wang 等发现乙型肝炎病毒 BX 干扰蛋白（HBXIP）可以上调人端粒酶逆转录酶而促进 hMSC 的增殖。将外源性人 TERT 导入人 BMSC，转染后的细胞端粒酶活性明显提高，可增加其生命期。Huang 等给 laMSC 转导外源性人端粒酶逆转录酶（hTERT）后出现无限增殖化。他们转导了 hTERT 的 hMSC 细胞系（hTERT-hMSC），而且已经培养这些细胞达 290PDS。这些细胞有大量增殖的潜能，但没有出现致瘤性。而且，他们用双向凝胶电泳、飞行质谱分析法分析比较了 12PDS 的 hMSC、95PDS 的 hTERT-hMSC 和 275PDS 的 hTERT-hMSC 的蛋白质表达特点，没有发现这些细胞分裂时出现转化活动。

骨髓间充质干细胞的研究中端粒酶活性检测结果尚不稳定，其原因可能与检测手段的敏感性有关。因具有端粒酶活性的干细胞仅占干细胞群体的极少部分，目前的手段尚不足以检测出此类及少量细胞的端粒酶活性。因此虽然端粒和端粒酶活性是作为评价体细胞衰老和增殖活性的指标，但尚不能够用来评估干细胞的衰老。有学者提出，端粒酶缺失的间充质干细胞不能分化为脂肪细胞和软骨细胞，而端粒酶永生化的间充质干细胞能维持其原有的分化潜能。

3.DNA 甲基化

DNA 甲基化是表观遗传学（epigenetics）调控的重要方式之一，是在 DNA 甲基化转移酶的作用下在基因组 CpG 二核苷酸的胞嘧啶 5′碳位共价键结合一个甲基基团，不改变基因的序列，但影响和调节遗传基因的功能

DNA 甲基化结构图

和特性，并且通过细胞分裂和增殖周期影响遗传。

Noer 等在体外培养脂肪组织来源的 MSC，发现衰老的 AMSC 显示向脂肪分化的能力降低，两个成脂肪分化基因 FABP4 和 LPL 的上调转录降低，而 LEP 和 PPARG2 的转录不受影响。在没有分化的衰老细胞中，PPARG2 和 LPL 的表达没有变化，而部分衰老细胞 LEP 和 FABP4 的表达增加。用重亚硫酸盐序列测定分析 DNA 甲基化结果显示：在细胞衰老和迫近分化时，LEP、PPARG2、FABP4 和 LPL 启动子的 CpG 的甲基化全部相对稳定。检查到的任何 CpG 特殊的甲基化变化与细胞分化潜能都没有必然的相关性，唯一例外的是 LEP 启动子的 CpG，其衰老相关甲基化可降低在紧接着脂肪形成刺激后的基因上调。因此认为在体外 AMSC 衰老显示出分化能力的降低以及分化诱导后的脂肪形成的基因转录活动减少。但这与脂肪形成的启动子的 DNA 甲基化的特殊变化没有相关性，而 CpG 的低甲基化与结合部位的重要的转录因子间似乎存在相关性。

4. 其他

β–半乳糖（β–GAL）的活性（pH 为 6 时）被认为是细胞的衰老标志之一，实质上反映了细胞溶酶体的多少和状态。Vacanti 等研究小组的结果显示 β–GAL 的活性随着体外培养细胞时间的延长而增加。Stenderup 在刚刚采集到的 BMSC 中未发现年轻与年老者之间 β–GAL 的差异，提示

第六章　间充质干细胞

β-GAL 的出现主要与细胞在体外的不断培养分裂衰老有关，尚不能代表在体内的衰老，属于体外衰老标志之一。美国哈佛大学的 Zhou 等研究了 17 ~ 90 岁人的 BMSC 的老化改变，发现老年人的 BMSC 的增殖和向成骨细胞分化能力减弱，但 β-GAL 阳性细胞数和凋亡细胞数均增加，而 p53 通路表现为上调。这表明了上调 p53 通路可能介导了人的 BMSC：衰老的增殖能力和成骨能力的减弱，因而认为人的 BMSC 随年龄有质的改变，也促进了人骨骼老化的过程。

丙二醛（MDA）是一种含有两个羰基官能团的化合物，性质活泼，与3-脱氧葡糖醛酮、乙二醛等物质一起被称为活性羰基化合物。近年研究发现，在多种老年相关疾病中（如糖尿病并发症、阿尔茨海默病等），MDA 等多种羰基活性化合物在循环中蓄积。李辉等观察了 MDA 对体外培养人 BMSC 的生长与增殖状态的影响及其作用机制，结果表明，高浓度 MDA 培养体系，BMSC 细胞数减少，群体倍增时间延长，细胞活力明显降低，细胞的凋亡率增加，然而 G\2/M 期和 S 期的细胞百分率明显增加。证明体外培养的 hMSC 在高浓度 MDA 条件下既造成了细胞的损伤与衰老死亡，又启动引发了干细胞分裂繁殖的分子生物学机制。

组蛋白脱乙酰基酶抑制剂（HDACi）有抗肿瘤的作用，辛二酰苯胺异羟肟酸（SAHA）和 MS-275 是被用于治疗肿瘤的 HDAci 成分之一。

活性羰基化合物

尽管它们对正常细胞没有毒性作用，但对骨髓微环境却有很大损伤。DiBetlnardo 等比较研究了 SA-HA 和 MS-275 对人 MSC 的作用，发现他们可以促进人 MSC 的凋亡和老化，与上调几种细胞周期调节蛋白激酶抑制因子有关，而不涉及 p53 和 p21 途径。

MSC 的衰老还与一些细胞因子相关，如 Brgl 染色质改造因子（CRF）就涉及大鼠 MSC 的生长停滞、凋亡和衰老。Ito 等观察到成纤维细胞生长因子 -2（FGF-2）在体外可刺激 hMSC 生长，能减少衰老细胞百分数，通过抑制 p21$^{+\{CIP1\}}$、p53 和 p16$^{+\{INK4a\}}$mRNA 表达水平来抑制 G$\backslash$-1 细胞生长停滞。此外，TGF-β mRNA 表达水平随 MSC 长期培养而增加，但 FGF-2 却能抑制这种增加，这提示 FGF-2 可能通过下调 TGF-β$\backslash$-2 的表达来抑制长期培养的 hMSC 的衰老。

间充质干细胞衰老与疾病

间充质干细胞作为成体干细胞的重要一员在体内广泛分布，维持着机体代谢稳定性，并在组织器官的损伤修复中发挥重要作用。而干细胞衰老将破坏组织的稳定性，降低机体对损伤或应激的修复能力。有关干细胞衰老与疾病发生的关系正受到科研人员更多的关注。

胚胎干细胞可自动发生分化，在移植到实验动物体内后可分化形成畸胎瘤，而 MSC 是在适宜的体内或体外环境下才分化，但对于 MSC 是否具有成瘤现象，有不同的报道。目前已有一些研究者相继报道了干细胞在体外长期培养后可发生自发恶性转化。Rubio 等将在体外培养超过 8 个月（分裂了 90 ~ 140 次）的人 MSC 移植至动物体内，发现细胞发生了癌变。Djouad 等发现给小鼠皮下单独注射黑色素瘤细胞，肿瘤细胞会受到排斥，但同时注射同种异体源黑色素瘤细胞和 MSC，肿瘤细胞会生长。这表明在某种情况下，MSC 有可能会抑制肿瘤细胞受到的免疫排斥，从而促进肿瘤细胞生长。但 Ohlsson 等将结肠癌细胞、MSC 和基质共同接种到大鼠皮下，MSC 和结肠癌细胞数相等时肿瘤细胞不生长，而单独接种结肠癌细胞、MSC 或基质时，肿瘤细胞仍可生长，提示 MSC 能抑制肿瘤细胞的生长。Vilalta 等用高敏感非浸入性生物发光成像方法观察脂肪源性人 MSC 移植到裸鼠，细胞能长期生存，没有发生瘤变，在体外培养后移植到小鼠体内均未发现致癌性转化。Ricci-Vitiani 等从成胶质细胞瘤的一个亚群分离出肿瘤干细胞，并发现该肿瘤干细胞有向神经细胞和间充质细胞分化的潜能。由于活体内 MSC 数量少且缺乏特征性标志，最近的研究资料都是基于体外培养扩增细胞的实验研究。但是体外培养的 MSC 可能在基因表达、分化能力、扩增潜能和免疫表型方面发生了难以发现的变化，很难代表体内细胞的特征，以上这些相互矛盾的体外实验报道使 MSC 与肿瘤的关系更扑朔迷离，是具有肿瘤趋向性、抑制肿瘤细胞生长，还是具有致瘤性、促进肿瘤的生长？都缺乏有力的实验证据，尚待深入研究。

你知道吗？

可怕的恶性肿瘤

恶性肿瘤生长迅速，生长时常向周围组织浸润，表面几无包膜，常有全身转移，病理检查可见不典型核分裂，除局部症状外，全身症状明显，晚期病人多出现恶病质，手术切除后复发率高，对机体危害大，如骨癌、食管癌、肝癌、肺癌、白血病、骨肉瘤等。恶性肿瘤的发病率有逐年升高的趋势，在各种疾病的死亡原因中也占前几位，因而是重点防治的一种疾病。

衰老是肿瘤的最共同的危险因素。基于 MSC 生存时间长，比其他细胞更易转化，而老年 C57BL／6 小鼠易患纤维肉瘤，用有遗传标记的骨髓移植模型来观察老年小鼠 MSC 来源的纤维肉瘤的形成。先在体外培养 MSC 到细胞已自然转化，再移植到模型中，测定老化小鼠自然形成纤维肉瘤的

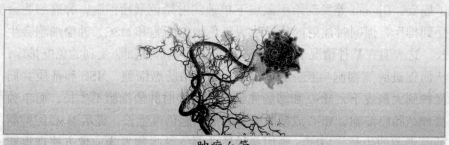

肿瘤血管

发生率，结果体内和体外实验均有基因表达的变化和 p53 突变。MSC 的自然转化直接与肿瘤的形成、肿瘤血管、肿瘤的脂肪组织有关，添补另外的宿主骨髓来源细胞（BMDC）到局部，可见细胞与宿主的 BMDC 融合。未融合转化的 MSC 变成了肿瘤干细胞，能在子代鼠中形成肿瘤，具有成瘤作用；反之，融合细胞恢复了非恶性肿瘤细胞的表现，提示这可能是调节肿瘤细胞活性的机制之一。

Rubio 等观察到体外培养的人 MSC 的自发转化，产生了一个有发生肿瘤趋势的细胞亚群，将其命名为转化间充质细胞（TMC）。用微数列技术观察到在 MSC 转化时有一组改变了的途径和大量的基因下调表达，部分是由于 MSC 的许多不可译的 RNA 的表达。微点阵结果经 qRT-PCR 和蛋白质检测验证。在该研究模型中，MSC 转化经历了两个连续的步骤。首先，MSC 通过上调 c-myc 和减低 p16 水平而达到衰老，然后细胞通过提高端粒酶活性而进入转化，其他转化相关改变包括调整线粒体的新陈代谢、DNA 损伤修复蛋白和细胞周期调节器的改变。

原代分离培养人 UCMSCs，并用脂质体介导转染人端粒酶逆转录酶催化亚单位（hTERT），建立永生化的 hTERT-UCMSCs。分别取第 8 代 UCMSCs 及 hTERT-UCMSCs 行流式细胞周期术检测转染前后细胞周期变化；软琼脂克隆形成试验检测 UCMSCs 及 hTERT-UCMSCs 在半固体培养基中的克隆形成能力；并将其注入裸鼠腹侧皮下，观察 60 天检测其成瘤性，全部实验以人 U87 胶质瘤细胞系为阳性成瘤试验对照。结果 RT-PCR 检测 hTERT 成功转染 UCMSCs，流式细胞术结果显示第 8 代 hTERT-UCMSCs 处于分裂增殖期细胞数（38.4%）明显多于未转染组（19.0%），但均低于 U87 胶质瘤阳性对照组（43.1%）；软琼脂克隆形成实验显示第 8 代 hTERT-UCMSC 和 LICMSCs 均未表现出在阻力介质中的克隆生长能力；与迅速增长的裸鼠皮下 U87 胶质瘤模型相比较，hTERrr-UCMSCs 和 UCMSCs 均无体内肿瘤形成。结果显示以 hTERT 转染的 UCMSCs 在体外具有更长时间的生长活性，其基因性状可维持长期稳定，尚不见有致瘤潜能，认为 hTERT-UCMSCs 在体内移植应该是安全的。

1. MSC 对肿瘤细胞有趋向性。Akira 等建立了裸鼠 U87 胶质瘤细胞荷瘤模型，在瘤体外侧 3 毫米处及瘤体中和对侧大脑半球注射用 GFP 标记的 BMSC，术后 14 天取材制作病理切片，在荧光显微镜下证实了 BMSC 除遍

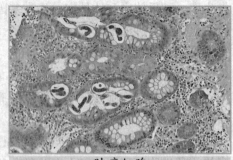
肿瘤细胞

布于瘤体外还能追踪扩散的肿瘤细胞。可见 BMSC 对肿瘤细胞有趋向性或者追踪能力。BMSC 在大鼠脑中的迁移及趋向性可能由其自身的生物学特性及所处的脑内微环境所决定，与脑中的一些细胞因子、黏附分子有关。文献报道胶质瘤与受损的组织相似，可以表达表皮生长因子（EGF）、血管内皮生长因子（VEGF）、成纤维细胞生长因子（FGF）、血小板衍生细胞因子（PDGF）基质细胞衍生因子（SDF-1α），而 BMSC 细胞表面有 EGF、PDGF 等受体表达，可接受这些因子的调控。BMSC 也可能参与了胶质瘤间质的形成，为瘤细胞的生长提供了一个有利的微环境，促进胶质瘤的生长。但 Studenty 将 BMSC 转染 IFN-β 后与恶性黑色素瘤细胞共同移植于小鼠体内，发现 BMSC 特异性地浸润肿瘤组织，表现出了 BMSC 对肿瘤细胞的趋向性，而且 BMSC 还表达 IFN-β 来抑制肿瘤的生长。

由于 MSC 具有在体外能大量扩增，易被外源基因转导，并保持高效、长时间表达，还具有低免疫原性，能在宿主体内长期存留等特征；而且具有极好的迁移能力和肿瘤趋向性，外源 MSC 进入体内将会优先聚集于肿瘤组织，因而可为肿瘤基因治疗和细胞治疗提供新的策略。人们正试图用 MSC 作为载体追踪并运送抗肿瘤药物到侵袭性恶性肿瘤内部，减少全身给药因非特异性分布所造成的不良反应；或将基因修饰的 MSC 作为肿瘤基因治疗的靶向载体以增强其抗肿瘤作用。虽然目前对 MSC 与肿瘤的关系还十分不清楚，但 MSC 在一定条件下可以转化为肿瘤细胞却是明确的，因而在有关 MSC 的临床研究中必须充分考虑这种潜在的危险，这也是 MSC 应用研究必须解决的一个重要问题。

2. MSC 衰老与老年和早老性疾病人的一生脂肪量和脂肪组织分布发生着引人注目的变化。中年或者老年早期时，脂肪储存到达峰值，随着衰老同时伴有脂肪库的容量的减少，以及脂肪库以外的脂肪沉积，而内脏脂肪的聚集和皮下脂肪的减少是老年的常见现象。特别是老年时，这些变化常伴发 2 型糖尿病、动脉粥样硬化、血脂障碍、热量失调等。脂肪组织通过增加脂肪细胞的数量和体积而生长。脂肪细胞一生不断更新，由新的脂肪细胞补充，新脂肪细胞来自间充质来源的前脂肪细胞，脂肪组织中15%～50%为前脂肪细胞。因此，这些细胞的特征非常可能影响脂肪组织的生长、可塑性、功能和发布。有研究发现不同脂肪库来源的前脂肪细胞是不同的细胞类型，Tchkonia等将取自同一个人的皮下、肠系膜、网膜的前脂肪细胞在同一条件下培养，经多个群体倍增数后仍然保持各脂肪库特殊的特征，这提示存在内在机制来维持脂肪库特殊的特征。皮下的前脂肪细胞显示有很高的复制潜能，脂肪形成转录因子高表达，脂质高聚集，TNF-α诱导的细胞凋亡则低于网膜前脂肪细胞。两种前脂肪细胞亚型在复制、分化、TNF-α诱导的细胞凋亡的易感性方面均存在差异。皮下脂肪富于快复制、分化的亚型，网膜脂肪富于慢复制、分化的亚型。肠系膜前脂肪细胞的动力学特征也不同于网膜前脂肪细胞。因此，前脂肪细胞的增殖、分化和抗凋亡能力均随着衰老而降低，可能与细胞内在的和后生的特性以及其外部的微环境因素共同决定了与老化相关的脂肪组织功能损伤的速度和程度。但前脂肪细胞特性随老化的代谢异常变化，微环境与脂肪组织特征以及代谢功能老化改变的关系，均有待揭示。

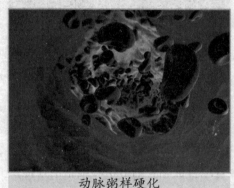

动脉粥样硬化

肺纤维化发生率随年龄而增加。Mora等认为衰老与细胞内外环境的变化密切相关，包括细胞外基质的变化，氧化还原（状）态的失衡，衰老细胞的聚集，骨髓间充质干细胞募集的潜在改变。肺内和骨髓祖细胞的这些衰老相关改变的综合可能与老年个体肺纤维化高度敏感性有关。

郝—吉早老综合征（HGPS）患者的细胞广泛存在核的缺陷，包括畸形染色质结构和DNA损害，且在间充质来源的组织细胞中尤为明显，其致病机制尚不清楚。Progerin是细胞核结构蛋白——核纤层蛋白A的变异产物，与HGPS密切相关，Progerin的表达也与生理年龄密切相关。Scaffidi等研究了HGPS患者的间充质干细胞，发现Progerin的表达可以活化大部分Notch信号途径的下游效应基因，诱发患者的间充质干细胞表达Progerin，可以改变细胞的表面标记分子以及细胞的分化潜能。这提示HGPS患者或

第六章 间充质干细胞

者生理性的加速衰老可能是由于成体干细胞的功能障碍和累进的组织退化所致。

3. MSC 衰老与神经系统疾病（RTT）是一种常见的遗传疾病，为进行性的神经发育的紊乱，大多数患者有 MeCP2 基因突变。MeCP2 在神经发育中起重要作用，MeCP2 蛋白与甲基化的 DNA 结合可导致染色质结构改变。RTT 患者中骨质疏松症和脊柱侧凸发生率很高，提示可能涉及受损骨的生成或者和骨的改建。MSC 能分化形成神经细胞和神经胶质细胞，也作为骨细胞的前体细胞，它与 RTT 患者的成骨作用受损有什么关系呢？因此，Squillaro 等研究了 RTT 病人的 MSC。结果发现，与健康对照组比较，RTT 病人的 MSC 显示提前衰老和具有低凋亡率，涉及成骨作用和神经发生相关的基因表达减少，这提示是变异的细胞不是被清除而是生存并衰老，而衰老现象可能涉及触发 RTT 综合征的相关疾病。

肌萎缩性（脊髓）侧索硬化（ALS）是一种致命性神经变性疾病，无有效治疗。Ferrero 等比较了健康人和 ALS 的骨髓 MSC，ALS 患者的 BMSC 能大量扩增，无染色体改变，也未见细胞衰老等发生。Zhang 等分析帕金森综合征患者的 BMSC 的表型、形态、多向分化的能力，与正常人 MSC 没有差异。而且患者

肌萎缩性（脊髓）侧索硬化

30% 的 BMSC 可诱导能分化为分泌多巴胺特征的细胞，并能抑制分裂素导致的 T 细胞的分裂，这为 ALS 和帕金森综合征患者的 BMSC 细胞治疗提供了实验依据。

4. MSC 衰老与骨及关节疾病尽管骨及关节疾病与老年密切相关，而 MSC 也能分化为骨细胞和软骨细胞，MSC 的衰老是否与骨质疏松、骨关节炎等老年性疾病的发生有关？目前的有关研究报道各异，还没有确切的答案。

骨关节炎（OA）是多因子病，与关节损伤、关节发育不良和老年关系密切。德国 Scharstuhl 等观察了 98 例 OA 患者 MSC 的特点，分为年龄相关组、关节损伤组和关节发育不良 3 个组。全髋关节置换术时从无病

变处股骨可以获得约 25 毫升骨髓，分离培养纯化细胞后进行表型分析鉴定。结果发现细胞增殖能力与年龄和 OA 病程没有相关性，所有病例的细胞均能分化为软骨形成细胞。认为不考虑年龄和 OA 病因，从手术中取材能获得足够量的 MSC，并具有足够分化为成软骨细胞的潜能。因此，这种来源的 MSC 可以用于软骨再生性治疗。骨赘是骨关节炎的特征，可能是骨膜中的干细胞受刺激而形成的。澳大利亚的 Singh 等收集行全膝关节置换术患者的骨赘组织，并从中分离出 MSC 表达 CD29、CD166、CD44、CD90、CD105、CD73，其分裂能力强于骨髓 MSC，能分化为间充质系的细胞，抑制同种异体 T 细胞增殖。因此认为从骨赘收集 MSC 可作为治疗或者组织工程研究干细胞的新来源。

你知道吗？

运动的前提——关节

关节（joint）一般由相邻接的两骨相对形成，如有三个以上的骨参加构成的叫做复关节。构成关节的两骨相对的骨面上，被覆以软骨，形成关节面。周围包以结缔组织的被囊——关节囊，囊腔内含有少量滑液。构成关节两骨的相对面叫做关节面，一般是一凸一凹互相适应。凸的叫做关节头，凹的称为关节窝。

日本学者 Jiang 等观察了 80 例 14 ～ 79 岁正常成人和骨关节炎（OA）、类风湿关节炎（RA）患者的骨髓 MSC，发现随着年龄增加，正常人与 OA、RA 患者的骨髓细胞中成骨细胞发生减少，而成脂肪细胞及成破骨细胞的发生却增多。与同龄正常组比较，骨髓细胞的基因表达有改变。RA 患者破坏性细胞阳性、组织细胞阳性、破骨细胞阳性的表达增加，OA 患者破坏性细胞阳及组织细胞阳性高表达。女性患者随着年龄增加破坏性细胞阳性、组织细胞阳性和破骨细胞阳性的表达明显提高，而男性患者仅成骨细胞阳性

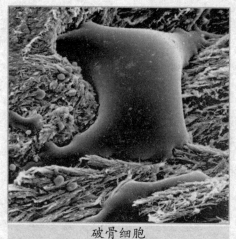
破骨细胞

第六章 间充质干细胞

转录物轻微的增多。该结果表明，衰老以及年龄相关病影响不同的基因表达，提示在老化过程中骨髓 MSC 的某些基因受到修饰，其成骨作用减弱，成脂肪细胞和成破骨细胞作用增强。因此，骨髓细胞的成脂肪细胞发生增加以及破骨细胞的数量和活性提高可能在关节炎患者骨丢失发病机制中起重要作用。

虽然有报道衰老的 MSC 丧失成骨分化潜能，获得成脂分化潜能，即"成脂转换"，这种变化将导致老年性骨质疏松。但 Muraglia 等则发现 MSC 衰老时成脂分化最先消失，并不支持衰老的 MSC 丧失成骨分化潜能，获得成脂分化潜能的理论。汤亭亭等分离 1 月龄、9 月龄、24 月龄大鼠骨髓细胞在体外培养，同时用 ELISA 技术定量检测大鼠外周血以及股骨皮质骨中骨形态发生蛋白 2（BMP2）的含量变化。观察到大鼠骨髓 MSC 数量随年龄增加显著减少，外周血和皮质骨中的 BMP2 含量也随之减少，认为这可能是老年骨量丢失与老年性骨质疏松发病的重要原因。

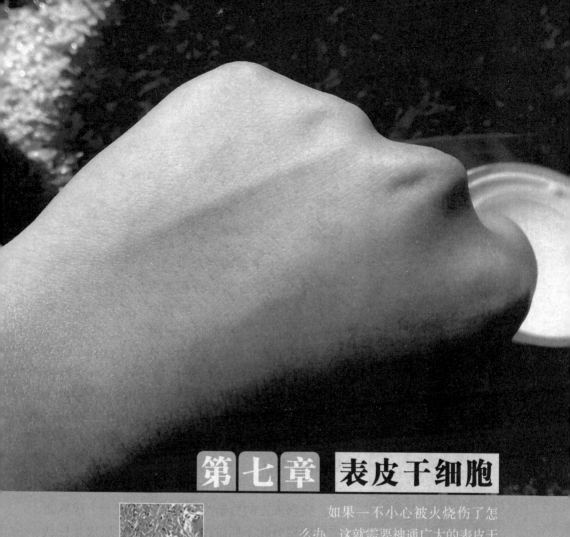

第七章 表皮干细胞

如果一不小心被火烧伤了怎么办，这就需要神通广大的表皮干细胞来帮忙了。表皮干细胞也是干细胞家族的一员，是皮肤上一种再生能力较强的组织，它对修复创伤、进行细胞治疗和治疗皮肤癌等都具有重要的意义，下面就让我们一起来认识一下表皮干细胞。

第一节 认识表皮干细胞

表皮干细胞的概念

表皮干细胞指在一生中均保持有增殖能力，可增殖分化为表皮中各种细胞的细胞，胚胎发育过程中的表皮来源于原始外胚层。最初是由增殖细胞形成的单层，称为生发层。这些细胞特征性地表达角蛋白 8 和 18（K8、K18）。然后从生发层中开始生成一中间层细胞，这些细胞仍未分化，具有增殖能力，继续表达 K8、K18。当细胞明显分为两层时生发层细胞 K8、K18 表达下调，而开始表达 K5 和 K14（基底层细胞的特征）。中间层分化出颗粒层和角质层，上层细胞表达 K1 和 K10。

成熟表皮的更新类似胚胎发育过程。成熟表皮由四层分化不同阶段的细胞构成。底层是柱状的基在底细胞，坐落在基膜上，细胞间以桥粒相连接，并以半桥粒及整合素受体与基底膜相连。基底细胞也有复杂的角蛋白丝网络，主要由 K5、K14、pleetin、cadherins 及 α1 和 β4 整合素构成。除了细胞特异性的角蛋白网络，基底细胞还表达类天疱疮抗原、层粘连蛋 A、BM-600、epiligrin，kalinin，V 型和VII型胶原。在未知信号的作用下，表皮基底层的细胞要进行终末分化并向上迁移。离开基底层后即停止 K5 和 K14 的表达，而诱导出 K1 和 K10 的表达。随着这些细胞迁移到棘层，它们开始表达 involucrin，这与最终形成不溶性角蛋白壳有关。颗粒层细胞的特征是有高电子密度的透明角质颗粒，其中含有 fillagrin 这种促进角蛋白丝聚合的蛋白质。颗粒层细胞继续分化为角质层，表达 lorierin、comifin、siellin 和谷氨酰胺转移酶，最终角化细胞的细胞器崩解形成角质外壳。

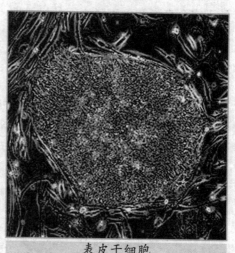
表皮干细胞

通常认为原始表皮干细胞是由外胚层的细胞在一系列因素的作用下形成的。对具体的诱导因素还不清楚。1997 年，Hemmati-Brivardou 及 Melton 首次证实骨形态发生蛋白 4（BMP4）在体外可诱导外胚层细胞形成表皮细胞系。原位杂交显示，胚胎发育最初期，外胚层可检测到 BMP4 RNA，同时外胚层还表达 BMP4 受体；而稍晚期，将发育成神经组织的外胚层中 BMP4 的转录消失，说明 BMP4 在表皮干细胞的形成中有诱导作用。

自我更新增殖能力

表皮干细胞最显著的两个特征是它的自我更新能力与慢周期性。干细胞的自我更新能力表现为载体可增殖分化形成表皮的全层并维持自身的数量，体外则表现为克隆性生长。

通过对造血系统的干细胞的多年研究证实，体内或体外的克隆分析是最好的检测细胞增殖能力的实验方法。实验表明，人表皮细胞的体外克隆形成并持续生长的能力是有差异的。单个细胞形成的克隆生长潜能不同，根据这一点可将其分为三类：完全克隆、副克隆和部分克隆。完全克隆的增殖能力最强，标准状况下，只有不到 5% 的克隆可能停止生长，发生终末分化。副克隆中的细胞增殖周期短（通常在 15 代之内），同时停止生长，进行终末分化。第三种克隆，部分克隆，是不同增殖潜能细胞的混合体，

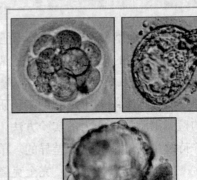

处于完全克隆和副克隆之间的过渡期。从完全克隆到部分克隆到副克隆，其增殖潜能不断降低。

你知道吗？

"克隆"一词的含义

克隆的英文"clone"源于希腊语的"klōn"（嫩枝）。在园艺学中，"clon"一词一直沿用到20世纪。后来有时在词尾加上"e"成为"clone"，以表明"o"的发音是长元音。近来随着这个概念及单字在大众生活中广泛使用，拼法已经局限使用"clone"。该词的中文译名在中国大陆音译为"克隆"，而在港台则多意译为"转殖"或"复制"。前者"克隆"如同copy的音译"拷贝"，有不能望文生义的缺点；而后者"复制"虽能大概表达clone的意义，却有不能精确并易生误解之憾。

完全克隆的细胞具有不断自我更新的能力，符合干细胞的概念。含有完全克隆在内的角质形成细胞培养物在移植到人体后，可生成表皮并能维持若干年。部分克隆可以产生副克隆而发生终末分化，同时从完全克隆中得到补充而维持一定的比例。副克隆在最初生长迅速，但总的生命周期不超过15代细胞，然后即停止生长，细胞表达involucrin，这是发生终末分化的标志。表皮内不同克隆的比例受年龄影响，年龄越大表皮中完全克隆的比例越低，副克隆的比例越高。这也与干细胞增殖分化的概念相符。

Pellegrini等的实验计算结果显示，表皮干细胞离体培养时呈克隆性生长，如连续传代培养，细胞可进行140次分裂，即能产生1×1040个子代细胞，产生的表皮足以维持人一生中表皮更新所需的量。

研究者通过克隆分析的方法也对毛囊中角质形成细胞进行实验，得到了不同的结果。Yang等认为克隆形成能力强的细胞位于毛囊的膨

表皮制造类胚胎

出区，这与标记滞留细胞（LRCs）的位置一致。而 Bochat 发现完全克隆细胞位于立毛肌插入点以下、毛球以上的毛囊中下部，该处的细胞增殖能力强，可进行 130 次以上的分裂。毛囊的中部及毛球均可见到副克隆细胞，它们很可能是毛囊中的 TA 细胞。造成这种差异的原因可能是在胚胎发育期干细胞位于毛囊膨出部，随着年龄的增长而下移。两个实验均未发现毛球存在干细胞的证据，提示毛球部的微环境可能不适合长期维持干细胞表型，而适合于 TA 细胞的短暂增殖与分化。

表皮干细胞慢周期性

很多年来干细胞都被认为是慢周期性的，而且可以有无限多次细胞周期。当暴露于带有核素或其他标记的核苷酸时，细胞在 DNA 合成的过程中摄取标记核苷酸而将标记整合到 DNA 中。由于干细胞的细胞周期长，这样的标记可以维持相当长的一段时间。正是由于干细胞的这一特点，才有人将它称为标记滞留细胞（LRC3）。

干细胞的细胞周期慢于短暂增殖细胞，但它们的增殖潜能更大。在组织再生时，如胚胎发育和伤口愈合期间，它们的增殖速度提高。1981 年 Bickenbach 等首先证实基底层细胞存在异质性，当时他们在小鼠的不同上皮中确定了一个小的细胞亚群——标记滞留细胞，这些细胞可以维持 \+3H 胸腺嘧啶标记长达 90 天。实验证实，LRCS 具有干细胞的特征：未成熟，体积小，细胞器少，克隆形成能力高，细胞周期慢，无限次分裂。从那时起，核素标记的方法就被用于不同种系动物不同上皮中干细胞定位。小鼠表皮干细胞的标记滞留可长达两年。

后来在成年小鼠毛囊中又确定了一个周期极慢的表皮细胞亚群。这显示，有一亚群的基底细胞周期进展与临近的基底细胞有所不同。有人假设这些细胞停滞于 G\-0 期。骨髓干细胞的细胞周期分析显示，这些细胞是静止的。通过细胞内 RNA、DNA 含量分析证实它们是处于 G\-0 期。实验分选中所获得的表皮干细胞、TA 细胞的细胞周期分析与此一致，绝大多数处于 G\-0 / G\-1 期。

形态学特点

干细胞通常处于静息状态，分裂缓慢，在形态学上具有未分化细胞的特点，表现为细胞体积小，胞内细胞器稀少，细胞内 RNA 含量低，在组织结构中位置相对固定等。

有证据显示，角质形成细胞的大小是克隆形成能力的决定性因素。最小的细胞形成最大的克隆。大鼠表皮中，最小的角质形成细胞，Ki67（一种与细胞增殖相关的抗原）阴性细胞（即认为处于细胞周期中的 G\-0 期）最初形成小克隆，但亚克隆却很大，提示其维持了克隆形成的高效率，具有自我更新能力。这都是干细胞的特征。人体表皮中，直径小于 11 微米的细胞在培养中经过几次传代仍能维持其分裂能力，它们形成的克隆比大细胞形成的克隆更易扩增，产生更多的细胞。这样培养的克隆曾用于永久性覆盖大创面，提示这些克隆里有干细胞。Bickenbach 等的试验研究中，分选出的表皮干细胞比 TA 细胞形成更大的克隆，这些克隆里长出的细胞比 TA 克隆中的更小。然而当仅靠大小来分选细胞时，发现于细胞和 TA 细胞均只含有小细胞，即有些 TA 细胞也很小，提示 TA 中可能存在一亚群细胞，该亚群能在特殊影响下具备转化成干细胞表型的能力。此种学说还需要进一步的实验研究证实。

表皮干细胞定位

干细胞存在于环境稳定、血管丰富的区域，但对表皮干细胞的确切定位还有争论。虽然各种实验对表皮干细胞的位置和数量报道不一，但一般认为干细胞与短暂增殖细胞在表皮基底层呈片状分布，在没有毛发的部位如手掌、脚掌，表皮干细胞位于与真皮乳头顶部相连的基底层。表皮基底层中有 1%～10% 的基底细胞为干细胞，随着年龄的增大，表皮脚与真皮乳头逐渐平坦，表皮干细胞的数量也随之减少，这也是小儿的创伤愈合能力较成人强的重要原因之一。

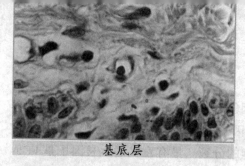
基底层

目前对有毛皮肤中干细胞的位置还有不同的观点，有人提出毛囊间表皮干细胞位于表皮的基底层，而另一观点认为毛囊间表皮内无干细胞，其更新所需的干细胞可能来源于毛囊的膨出区。实验证实毛囊隆突部（皮脂腺开口处与立毛肌毛囊附着处之间的毛囊外根鞘）也含有丰富的干细胞。Taylor 等利用 BrdU 和 \+3H–TdR 对毛囊膨出部的干细胞进行双重标记，在不同时期追踪带有标记的细胞。结果证实毛囊膨出部的干细胞可以向上及向下迁移，分别形成表皮和毛囊中多种类型的细胞。表皮基底层中发现的具有增殖能力的细胞只是毛囊干细胞的后代——TA 细胞。它们同样具有较强的增殖能力而被误认为干细胞。它们的增殖能力实际较干细胞下降，可分化成的细胞种类也更有限，因而早期的 TA 细胞应称做表皮"祖细胞"。表皮"祖细胞"的增殖能力足以在相当长的一段时期内维持表皮的正常代谢，只有在需要时，如新生儿时期皮肤面积扩张时或成体皮肤损伤修复时，才由毛囊膨出部的干细胞进行额外的补充。

然而毛囊中干细胞的定位也有争论。人生长期毛囊中干细胞的定位依赖于三种方法：检测慢周期细胞，检测高度克隆形成能力的细胞及不同的免疫组化染色。这些方法的结果却不一致：标记滞留的干细胞定位于膨出区而高度克隆形成能力的细胞却位于毛囊的下 1/3。用角蛋白 19 检测毛发生长周期中干细胞在毛囊中的分布，发现生长期毛囊中有两个不同的干细胞位置分别位于毛囊的上、下 1/3。静止期、退化期时二者融合，在新形成的生长期毛囊中又分开。目前还不能确定这究竟是干细胞增殖分化中发生迁移的结果还是实验技术本身不完善，不能确切显示干细胞而呈现的结果。

生长因子及其受体

研究显示，生长因子、细胞因子及细胞外基质组分是干细胞及祖细胞分化增殖所必需的。但某一特定阶段所需的因子还不清楚。表皮发育过程中几种生长因子及其受体的表达情况显示它们很可能在调节表皮细胞的增殖分化中起重要作用：骨形态发生蛋白（BMPs）、成纤维细

胞生长因子（FGFs）及表皮生长因子（EGFS）均可刺激表皮来源的培养细胞的增殖。这些实验提示，这些因子可能以自分泌或旁分泌的方式行使调节表皮的功能，包括表皮干细胞的分裂。最有意义的生长因子是 FGFs 和 EGFs 家族。

FGFs 是由成纤维细胞产生的一组 13 种结构相关的肽类生长因子。FGFs 是丝裂原，可刺激多种发育早期出现的细胞的增殖，FGF1、FGF2、FGF7（又称角质形成细胞生长因子）及其受体的表达情况与发育中表皮生发层的增殖分化相关。

角质形成细胞生长因子（KGF），即成纤维细胞生长因子7 是由皮肤成纤维细胞生成的，它的丝裂原活性主要针对皮肤的角质形成细胞。利用胚胎干细胞技术培育出的 KGF 缺乏小鼠，毛色暗淡，类似小鼠 2 号染色体 KGF、位点隐性突变者。与转化生长因子 TGFα

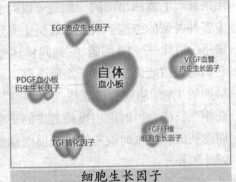

细胞生长因子

及 FGF5 基因敲除鼠毛囊外根鞘及生长周期缺陷相反，KGF 敲除鼠毛缺陷仅限于最终发育成毛干的细胞。因此在毛囊生长分化过程中一定存在第三条生长因子通路。奇怪的是，KGF 缺乏并不影响表皮的生长和创伤修复。即使构建双基因敲除鼠，缺失 KGF 和 TGF，这两个因子都是在创伤修复过程中显著增加的，表皮的修复也无明显抑制。并且，研究者在 tuRNA 水平并未发现代偿机制，显示，表皮生长的调节十分复杂涉及自分泌和旁分泌生长因子以外的多种生长刺激因素。

你知道吗？ 认识细胞分泌

细胞从血液或其他细胞外液中摄取原料，在细胞内合成某些物质并将其释放出细胞的过程。分泌方式可分为两大类：①分泌物经导管排入与外界相通的体腔内或体表叫外分泌，如唾液腺将唾液排入口腔，胃腺将胃液排入胃腔以及汗腺将汗液排至皮肤表面等。②细胞将其分泌物仅释放到血液或细胞外液叫内分泌，各内分泌腺分泌激素入血液就是内分泌。

EGF 至少包括五个成员：EGFs、转化生长因子（TGF）α、β–cellulin、amphiregulin 及结合肝素的 EGF 样生长因子。EGF 通过激活特异的酪氨酸激酶受体而行使其生理功能。EGFR 的表达与 K5、K14 的表达开始相关。

大多数胎儿及成体细胞都表达 EGF 受体，它的确切功能还不清楚。P19 胚胎肿瘤细胞中，EGFR 上激酶失活抑制视黄酸（RA）诱导的神经组织分化，提示 EGFR 在分化中起作用。胚胎干细胞体外培养时可分化为多种组织类型的细胞。在分化因素的诱导下 EGFR 激酶失活的细胞 K8，K19 表达都受到抑制，不能分化为表皮细胞。因此，EGFR 失活使某些种类的细胞不能存活或增殖。

第二节 表皮干细胞的应用前景

表皮干细胞创伤修复

大面积烧伤、广泛瘢痕切除、外伤性皮肤缺损以及皮肤溃疡等导致的严重皮肤缺损，特别是大面积烧伤，伤及皮肤全层及其附件，因而仅靠创面自身难以实现皮肤的再生，需要足够的皮肤替代物进行修复。临床常用的修复方法有自体游离皮片移植、皮瓣移植术，异体皮／异种皮移植术和人工替代物覆盖等方法。当大面积烧伤患者缺乏足够的自体皮片或因异体异种皮免疫排斥反应而需再度植皮时，可利用皮肤再生能力强的特点，进行自体皮的培养并应用于创面覆盖。20世纪70年代中期体外培养表皮细胞就已经开始，培养的表皮细胞皮片是具有与在体表皮相似的生化、形态和功能特性的多层鳞状上皮。应用于创面的表皮细胞皮片培养是在表皮细胞传递系统上进行的，表皮细胞传递系统是种植、支持、转运表皮细胞的三维支架，目前开发的表皮细胞传递系统有3T3细胞、聚乌拉坦、透明质酸、纤维蛋白胶与脱细胞真皮等。培养的皮片在体外及移植于创面后均保持有正常表皮的自我更新能力，即保留了干细胞自我更新与分化潜能的特性。正常情况下，大部分的表皮干细胞处于静息状态，只有部分干细胞脱离干细胞群落进入分化周期，维持皮肤地更新。由于体外培养条件下干细胞分化成短暂增殖细胞、有丝分裂后细胞以及终末分化细胞的过程也同样较为缓慢，因而目前用于自体移植皮片的培养周期最短也需两周。因此，尚需改变培养条件以缩短培养时间。此外，由于培养皮片仍存在表皮全层较薄、皮片抗拉力差、抗感染力弱以及费用较为昂贵等缺点，因而影响了培养皮片的临床使用。

培养的表皮还用于异体移植，如应用于慢性溃疡与烧伤创面。移植的异体表皮细胞在创面能合成与分泌多种生长因子和细胞因子，刺激创面周围及底部残存的表皮细胞增殖、分化、移行。人们还在尝试将某些生长因子基因转染入表皮细胞用于创面移植，使其在创面释放足够的生长因子，促进创面愈合。由于培养的表皮细胞Ⅱ型人白细胞抗原DR（HLA-DR）为阴性，也没有起抗原提呈作用的Langerhans细胞，故不刺激宿主的免疫反应，因而可考虑作为深度创面如大面积烧伤创面的永久覆盖物。在大鼠实验中，敲除培养表皮细胞的主要组织相容性复合体（MHC），去除其免疫原性，可明显延长在全层创面的存活时间。

表皮干细胞治疗

细胞治疗是一个新生的治疗手段，目的是利用培养细胞替代或修复严重损伤的组织。用自体培养的角质形成细胞实现表皮再生对大面积全层烧伤病人的治疗是很有益的，但实际的临床效果并不理想。可能的原因就是由于培养条件的限制、基底层细胞损伤等造成的干细胞耗竭。利用纤维蛋白作为角质形成细胞培养的支持物，通过克隆分析的方法对干细胞进行监测发现，三种克隆的比例没有改变，说明纤维蛋白不会造成克隆的转化及干细胞丢失。这种培养系统不仅不影响细胞的克隆形成能力、生长速度及长期的增殖潜能。还可实现角质形成细胞的长期增殖，快速持久地覆盖大面积损伤，并且费用低廉。

毛囊外根鞘的细胞在皮肤损伤修复中可以替代毛囊间的表皮角质形成细胞，它们可以迁移到皮肤裸露区促进表皮再生。通过培养的外根鞘细胞可以获得表皮的替代物这种替代物的组织构成及表皮分化产物（K10、involucrin、filaggrin）和整合素的定位与正常表皮没有区别。其基底层中含

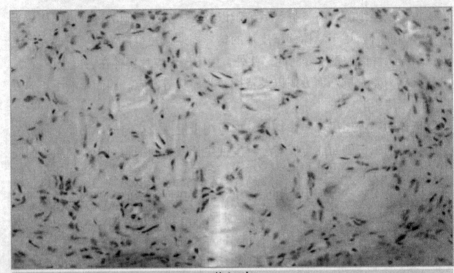

鞘细胞

大量的增殖细胞。流式细胞术分析显示生成表皮替代物的外根鞘细胞体积小，高水平表达 β1 整合素。初步研究显示，多数慢性溃疡病人可接受这种替代物，2～3周后可完全愈合。这种治疗改善的作用可能由于存在大量的增殖细胞。意义在于无创、对外科及麻醉依赖小，移植后固定期短。

由于皮肤干细胞终身存在，且干细胞的遗传信息可以传给子代细胞，因而干细胞不仅可以用来研究基因的作用以及某些疾病发病的基因机制，同时也可以用来对一些遗传性皮肤病进行基因治疗，包括导入标志性基因或一个异源基因，使细胞内原有基因过度表达（增加功能），或基因打靶（失去功能）以及诱导某个基因的突变等。

虽然多项研究报道将重组基因导入持续自我更新的上皮组织中，但大多数并未获得长期的基因表达。这与使用的基因转移方法无关，无论直接注射 DNA 到组织中还是使用基因枪，或者转染培养上皮细胞后再将其移植到宿主动物中都不易获得长期基因表达。在报道长期基因表达的研究中，只有极少数的基底细胞能表达转导的重组基因两个月以上，提示对干细胞的转导无论在组织还是在培养水平上，都是很困难而且低效的。

由于表皮的不断更新，必须对干细胞进行基因转换以确保外源基因在表皮细胞的长期表达。为使外源基因在足够多的干细胞中表达，而不是在短暂增殖细胞中表达，需将表皮干细胞与短暂增殖细胞分离开，这是实现基因治疗的重要环节。尽管目前已成功将一些重组的基因引入表皮细胞，但大多数情况下，基因表达不超过4周，仅有少量报道能表达更长一些时间，而且表达的细胞不足基底细胞的1%，说明仅有很少的干细胞成功转染。

因而要使干细胞基因转染成功，一种方法是使100%的基底细胞转染成功，以保证其中少量干细胞的成功转染；另一种方法是体外分离干细胞进行基因转染。第一种方法是最常用的，但通常只能转染很少的干细胞，可能因为干细胞本身占全体基底细胞的比例就很小，因而培养细胞中只有极少数的干细胞。第二种方法也十分困难，因为区分干细胞与短暂增殖细胞的方法尚未很好解决。近来 Bickenbach 等报道能使转染率提高，基因表达超过12周，主要是较好地解决了干细胞的分离。既往的工作显示在转导之前以不同方法富集干细胞是可能的。通过角质形成细胞与Ⅳ型胶原的迅速黏附富集干细胞，通过逆转录病毒载体携带 Lacz 报告基因在器官型培养中可获得12周的 β 半乳糖苷酶持续表达。此项研究中利用新的分选技术可获得纯的干细胞和 TA 细胞，二者均可以同等效率被转染，在以后的单层培养中表达重组基因。然而，当分选细胞用于组织工程皮肤时，只有干细胞生成的表皮可持续表达，TA 形成的表皮在2个月内完全分化。因而只有在干细胞存在时才能维持生物工程的组织。虽然两种细胞都有重组基因表达，但只有干细胞显示了持续表达（>6个月）。

你知道吗？

认识病毒

病毒是颗粒很小、以纳米为测量单位、结构简单、寄生性严格，是以复制进行繁殖的一类非细胞型微生物。病毒是比细菌还小、没有细胞结构、只能在活细胞中增殖的微生物，由蛋白质和核酸组成，多数要用电子显微镜才能观察到。病毒可以利用宿主的细胞系统进行自我复制，但无法独立生长和复制。病毒可以感染所有的具有细胞的生命体。第一个已知的病毒是烟草花叶病毒，由马丁乌斯·贝杰林克于1899年发现并命名，目前已有超过5000种类型的病毒得到鉴定。研究病毒的科学被称为病毒学，是微生物学的一个分支。

大疱性表皮松解症（JEB）是一组严重的遗传性皮肤病，主要病因是

第七章 表皮干细胞

表皮细胞编码层粘连蛋白5或其他半桥粒成分，整合素亚基 α3、β3 的基因突变，导致整合素表达异常，引起表皮与真皮的连接障碍。由于人表皮是自我更新组织，JEB 的基因治疗需要将转移基因稳定地整合到表皮干细胞的基因组中。通过复制缺陷逆转录病毒载体可将外源基因稳定地转导到表皮干细胞中，并长期持续表达。因此，在局部麻醉下大面积培养表皮片移植手术技术完善的情况下，Dellambra 等已开始了利用表皮干细胞治疗，JEB 的 I／II 期临床实验，用以证实这种先体内后体外的基因治疗方法在临床情况下的总体安全性，同时观察这种基因调整后的移植物的长期存活情况、机体对转基因产物的免疫应答及外源基因表达在治疗水平的维持情况。

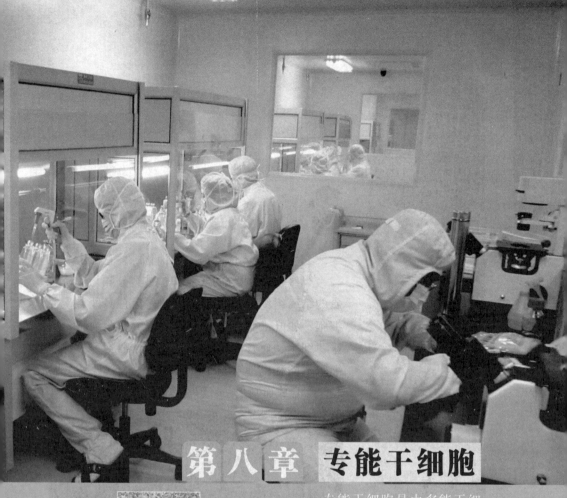

第八章 专能干细胞

专能干细胞是由多能干细胞进一步分化而成的，专能干细胞只能定向分化成某一类型的细胞，但是它的用途并未受损，它一样也涉及医学的多个领域。下面我们来介绍肝脏干细胞、胰脏干细胞和肠上皮干细胞这三种专能干细胞，看看它们的神奇之处。

第一节　肝脏干细胞

 肝脏的发生

肝脏是人体内最大的消化腺，它由上皮性细胞成分的实质和包被、分隔与支持实质的结缔组织性基质所构成。它含有多种类型的细胞，如肝细胞、胆管上皮细胞、星形细胞、库普弗细胞、血管内皮细胞、成纤维细胞等。这些细胞不同程度地参与了肝脏的消化、代谢、分泌胆汁、合成血浆蛋白、解毒等功能。

血浆蛋白

人胚胎发育至第 4 周初，由内胚层前肠末端腹侧壁的上皮增生形成了一个向外突出的囊状突起，即肝憩室，它是肝与胆的始基。肝憩室迅速增大，很快长入原始横隔，其末端膨大，并分为头、尾两支。头支较大且生长迅速，其上皮细胞增殖，形成许多细胞索并分支吻合，称肝索。肝索上下叠加形成的肝板围绕中央静脉呈放射状排列，形成了肝小叶。肝小叶是肝的基本结构单位。胚胎第2个月，肝细胞之间形成胆小管，内胚层上皮也相继形成肝内胆管，原始横隔中的间充质分化为肝内结缔组织和肝被膜。

胚胎肝的功能十分活跃。第6周时，造血干细胞从卵黄囊壁迁入肝脏，并开始造血；第6个月后，肝内造血逐渐减少；出生前肝基本停止造血。第3个月，肝细胞开始分泌胆汁，并开始生物转化等功能。胎儿肝很早就开始合成和分泌白蛋白等多种血浆蛋白质，还合成大量甲胎蛋白。第6个月前，几乎所有的胎肝细胞都能合成甲胎蛋白，此后逐渐减少。出生后，很快停止合成甲胎蛋白。

肝干细胞与肝再生

肝脏是一个不断更新的器官，大约每年更新一次，当肝脏受到损伤时，损伤附近的肝细胞很快增生以补偿损伤、坏死的细胞。如果肝损伤较严重，则肝内大量的肝细胞发生增生，间质细胞和细胞外基质也相继进行修复。这种因丧失肝组织而引起的肝修复称为肝再生。在没有肝组织丧失的情况下，某些化学物质或致癌剂也可引起肝增生，不过，这种增生不具有再生意义。

你知道吗？

我们的肝脏在哪儿

肝脏位于腹腔的右上区块内，被肋骨所组成的胸廓所保护着。正常的成人肝脏深度约于右侧7～11根肋骨间，穿过中线延伸至左侧的乳头下方。总而言之，肝脏大约分布于右侧的季肋部、上腹部和左侧的季肋部间。当人站立时，肝脏因为重力的缘故而会位于较下方，并会随着呼吸而上下起伏。当人体仰卧时做一深呼吸，由于横隔的下降而可触诊到肝脏的存在。

一般认为，成熟哺乳动物肝细胞对生长信号的反应可能依赖于损伤程度，如果成熟肝细胞生长被抑制或肝细胞丢失消耗了大量可增生的成熟肝细胞时，小型肝细胞被激活；如果肝损伤严重，以至肝脏功能（包括增生功能）丧失，则启动卵圆细胞快速增殖并分化为小型肝细胞，小型肝细胞再转变为成熟的肝细胞来补偿丢失的肝。在这种情况下，卵圆细胞可能来源于骨髓。

与肝再生有关的细胞肝系中四类细胞与肝损伤后修复有关，它们是成熟肝细胞、小管上皮细胞、小管周围干细胞和非实质细胞。

（1）成熟肝细胞这类细胞数量很大，可以迅速增生 1 ~ 2 次，产生的子细胞是成熟的肝细胞，它们在部分肝切除（PH）和四氯化碳诱导的肝损伤再生及甲基亚硝基胺（DEN）诱导的肝癌发生中起作用。

（2）小管上皮细胞与肝细胞相比，这些细胞在数量上较少，但增生时间较长，可产生胆小管细胞和肝细胞。这些细胞在小叶中心损伤和 2-AAF 引起的肝癌发生中起作用。

（3）小管周围干细胞它们数量少但可以增生很长时间，有多种分化潜能。小管周围干细胞来源于肝组织，它们在诸如烯丙醇诱导的门周区损伤修复及胆碱缺乏导致的肝癌发生中起作用。

（4）非实质细胞肝内各种细胞占肝总体积的 80%，其余的 20% 为细胞外基质（ECM）和肝窦，肝内 NPC 和 ECM 组成了汇管区分支、小叶支架、肝静脉分支和肝包膜，在肝再生过程中，他们不仅参与肝脏的再生，而且在肝组织结构和功能修复中起作用，肝小叶内的 NPC 和 ECM 组成了肝窦和 Disse 间隙，Disse 间隙的 ECM 中有 I 型胶原纤维，它是肝小叶支架的主要成分。肝再生时，NPC 和 ECM 随损伤程度不同而反应不同，肝小叶内个别肝细胞死亡时，由同一肝板内肝细胞增殖推移而很快填补，无明显的 NPC 增生。急性肝损伤或 2/3 肝切除等小片或大量肝细胞受损而肝小叶支架仍旧保持时，肝细胞和 NPC 增生并产生：ECM 使损伤得以修复。有时，慢性损伤的修

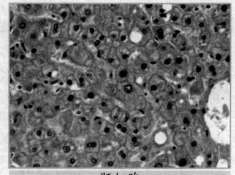

肝细胞

复不能恢复到正常肝组织结构而形成肝纤维化或肝硬化。

为了解释肝再生的细胞来源，人们提出了两个模型。

（1）肝细胞模型：肝细胞模型认为，在肝再生过程中，肝细胞本身可构成一个多分化潜能的肝细胞系，细胞可进行多次分裂以完成肝脏的再生。用转基因鼠实验证明，成年动物的一些肝实质细胞具有分裂 12 ~ 18 次的能力，并可成为肝细胞，在大鼠连续部分肝切除中，肝细胞也可分裂 18 次以上。在 FAH 缺陷小鼠中进行的一系列有限肝细胞移植表明，这些细胞至少可分裂 69 次而未丧失功能，虽然肝细胞再生能力的准确上限仍不清楚，但上述数据已充分说明肝细胞有巨大的增生能力。

（2）干细胞模型：该模型认为，肝再生是通过位于门周区的卵圆细胞增生来实现的。

 肝干细胞与肝癌

啮齿动物肝癌发生中细胞形态、生化和基因表达等有明显变化，肝干细胞与肝癌发生的关系研究已取得了一定进展。

肝癌的发生和种类肝癌发生大致可以分为三个阶段：启动阶段、促动阶段、进展阶段。启动阶段表现为致癌剂激活癌基因；促动阶段表现为周围正常细胞失去对转化细胞的抑制作用；进展阶段指肝癌组织生长过程。

致癌剂作用肝脏后出现的形态上可辨别的肝病变为肝细胞病灶，即出现形态与肝细胞相似，而组化特征不同于周围肝细胞的细胞簇，如血清 γ-谷氨酰转肽酶和 6-磷酸葡萄糖脱氢酶活性增加，甲胎蛋白含量增加及酪氨酸氨基转移酶活性降低等，处于病灶中的肝细胞表达 EGF 和 TGF-α 的量增加，TGF-β 的表达量减少。EGF 和 TGF-α 可维持肿瘤启动子的活性，使病灶中肝细胞比周围正常细胞具有更快的增生能力。当去除致癌因素时，这些细胞要么分化或重塑为正常的肝实质细胞，要么凋亡。

肝腺瘤比肝细胞病灶的体积更大，含肝细胞样细胞。这些细胞紧密生长，不侵入周围实质，由于肝腺瘤的组化特性与肝细胞病灶相似，推测肝腺瘤来源于肝细胞病灶。

胆管细胞癌由很少分化、高速生长且浸润周围实质的肝细胞样细胞

第八章 专能干细胞

组成。胆管癌细胞比肝腺癌细胞的形态变化和基因变化更强烈些，而且在肝腺癌中经常可看到胆管癌细胞。

肝癌的细胞来源于哪种细胞是个有争议的问题，其中癌细胞来源于干细胞模型和癌细胞来源于肝细胞模型较为公认。

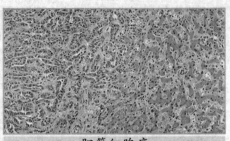

胆管细胞癌

（1）干细胞模型认为，卵圆细胞是肝腺癌和胆管癌的细胞来源。当用致癌剂处理时，肝门周围区的卵圆细胞进行分裂，随后，大多数细胞进行凋亡，其余的细胞要么分化为肝细胞，要么继续增殖形成一个更大的细胞簇，其中少数卵圆细胞发生突变成为带有其来源细胞某些特征的肝癌细胞。

（2）肝细胞模型认为，肝细胞是肝腺癌和胆管细胞癌的细胞来源。当用致癌剂处理时，这些细胞开始增殖，形成一个更大的细胞簇，这些细胞可形成具有肝细胞特征的肝腺癌细胞，也可突变、去分化成胆管细胞癌，并获得胆小管系细胞的特性。

上述两种模型中，肝细胞模型的证据更充分些，因为分化的肝细胞能增生，并能通过新陈代谢活化前体致癌物，形成能发育为肝腺瘤和肝腺癌的病灶。更重要的是，大多数成熟的大鼠肝细胞是四倍体，只有20%是二倍体，而肝腺癌形成前，病灶中的肝细胞多是二倍体，暗示这部分二倍体肝细胞是形成肝病灶和肝腺癌的前体细胞。

近10年中，由于肝干细胞样细胞——卵圆细胞已被分离，并且证明它们可在肝癌转化因子诱导下转化成肝癌细胞，因此，肝干细胞或肝干细胞样细胞能转化成肝癌细胞已得到实验支持，然而，也有许多观察者认为，卵圆细胞不是肝癌细胞的前提细胞，原因是：①肝干细胞样细胞高水平表达保护性脱毒酶，并且几乎不具有细胞色素P450氧化酶活性，很难通过代谢来活化致癌物前提和激活癌基因；②并不是所有的致癌剂都可诱导卵圆细胞增生，卵圆细胞增生和致癌剂之间不存在相关性；③尽管卵圆细胞可存在于肝病灶中，但这不能说明肝癌细胞和肝腺瘤细胞就来源于卵圆细胞；④虽然许多启动肿瘤发生的因子（如苯巴比妥）可激活癌前肝细胞增生和肝癌的形成，但并不激活卵圆细胞的增生，即使卵圆细胞可分化为肝细胞，且在一些致癌剂的作用下会发生增生，这并不意味着肝癌细胞一定来源于卵圆细胞。

肝干细胞和其他细胞的关系

肝干细胞和其他细胞的关系了解尚不深入，大多结果还是推测。目前认为，卵圆细胞可能有内源和外源两个来源，根据内来源假说，卵圆细胞来源于肝细胞或肝脏发生、发育中保留下来的细胞；根据外来源假说，肝脏中已存在的或通过血液循环进入肝脏的骨髓干细胞可整合于 Hering 沟，并分化为肝细胞和／或胆小管细胞。

你知道吗？

小型肝细胞

小型肝细胞是 2/3 肝切除后再用倒千里光碱处理出现的一群小的肝细胞前体细胞，具有成熟肝细胞和卵圆细胞标记。这些细胞要么是完全分化，要么是介于成肝细胞和胎儿肝细胞之间，它们是否与卵圆细胞有线性关系尚不能确定。

卵圆细胞可分化为肝细胞和胆小管上皮细胞，并受生长因子、细胞外基质和 GJIC 影响。卵圆细胞可大量表达连接子 Connexin43，它的表达受培养条件和细胞分化程度影响。表达 Connexin32 和 Cormexin43 为细胞分化成肝细胞和胆管上皮细胞所必需。卵圆细胞向肝细胞分化过程中可能会经过一个中间阶段即小型肝细胞阶段。当成熟的哺乳动物肝脏有功能时，成熟肝细胞的生长被抑制，小型肝细胞可通过别的途径直接被激活。

第八章 专能干细胞

第二节 胰脏干细胞

 胰脏的发生和发育

胰脏是一个含两类不同功能的细胞，即含分泌消化酶的外分泌细胞和分泌激素的内分泌细胞的器官。人胚胎发育到第4周时，前肠尾端腹侧近卵黄囊处的内胚层突出一囊，称肝憩室，肝憩室是肝和胆道的原基。同时，肝憩室与十二指肠的交角处产生突起，伸入腹系膜，形成腹胰，十二指肠背侧产生突起，伸入背系膜，形成背胰。

胚胎发育5周后，背胰比腹胰生长迅速，腹胰连同胆总管随十二指肠转位而转移至背侧紧靠背胰的后下方。胚胎发育到7周时，

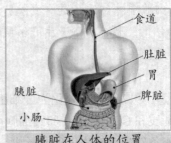

胰脏在人体的位置

两胰开始融合，腹胰形成胰头的大部分和钩突，背胰形成胰头的小部分及胰体和胰尾。与此同时，两个胰导管也相互吻合沟通，腹胰导管和背胰导管的远侧部构成主胰管，背胰导管的近侧部萎缩消失或存留下来成为副胰管。主胰管和胆总管共同开口于十二指肠乳头，副胰管开口于小乳头，大约有10%的成体胰管没有合并而保留原来的两套系统。

许多证据暗示，背侧胰脏和腹侧胰脏的发生有很大不同。在鸡中，从脊索传来的信号通过抑制内胚层中 sonichedgehog 基因表达而促进背部胰脏的发育，但脊索不产生影响腹侧胰脏发育信号分子。在鼠中进行的基因灭活研究显示，背侧胰脏的形成依赖于转录因子 Is11 和 I–IKb9，当这些基因失活时，腹侧胰脏仍可发育。组织移植实验证实，腹侧胰脏的发生起始于 7～9 体节时期，但背侧胰脏在胚胎发育到第 20 个体节时仍难检测到。据报道，早期胰脏表达的标记物为 Hlxb9 和 pdxl 同源框蛋白，它们在前肠腹侧第 8 体节时期被表达，并且用于指导形成胰脏干细胞，当早期胰脏能产生胰高血糖素和胰岛素时，pdxl 对胰腺上皮的形成和分化是必需的。

在胰原基内，内胚层细胞先形成许多小导管网，其末端膨大部分的细胞团发育为外分泌腺泡。与此同时，一些细胞群或细胞索不出现管腔，卷曲成团并与其他细胞索分离开，分散在腺泡之间，内含丰富的毛细血管网，最后发育成具有内分泌功能的胰岛。胚胎发育 5 个月后，胰岛开始分泌胰岛素。腺泡周围的间充质细胞分化成胰脏的被膜和结缔组织间隔，上皮和间充质间的相互作用与腺泡和胰岛细胞的分化有关，在胰脏发育的早期阶段，全能干细胞分化成为内分泌细胞和外分泌细胞。

胰岛形成始于孕后 12 周，孕后 13～16 周，小的、聚集成团的内分泌细胞从胰导管发生，然后转变成朗汉斯小岛。这些原生小岛约占整个胰岛组织的 4%。孕后 17～20 周，胰岛与导管失去联系，非 β 细胞形成围绕 β 细胞的外套膜。孕后 21～26 周，非 β 细胞系也向胰岛中部的一些部位延伸，显出成熟胰岛特征。孕后 17～26 周，胰岛组织从 8% 增加至 13%，胰岛的平均直径也从 27 微米增加至 99 微米，并有逐渐向导管末端部分迁移的趋势。

可分析所产生的激素类型来辨别人胚胎期胰脏细胞类型。孕后 7 周，产生促生长素和胰多肽（PP）的细胞分散在导管细胞中间；孕后 8 周，产生胰高血糖素的细胞；孕后 9 周，可检出产胰岛素细胞；孕后 10 周，胰岛素前体分子的 c 肽出现。小鼠胚胎发生的第 9.5～10.5 天，胰岛素和胰高血糖素最先在胰脏的内分泌细胞中产生，以后，这些细胞均表达这两种激素。与人相比，促生长素和胰多肽在鼠中表达稍晚。

第八章 专能干细胞

1. 胰脏的基本结构和细胞类型

胰脏呈长条形，灰红色，质较软，自右向左分为互相连续的四部分：胰头、胰颈、胰体和胰尾。各部无明显界限，但各部分毗邻的脏器不同，全长14～20厘米，重80～90克。人体胰脏位于腹腔上部和左季肋部腹膜后间隙中，横跨第1～2腰椎体的前方，为网膜囊后壁的腹膜所覆盖，属腹膜后位器官。

胰脏表面覆以薄层结缔组织，结缔组织伸入胰脏内形成小叶间隔，将胰脏实质分隔成许多小叶。人胰脏内的结缔组织很少，小叶分界不明显。根据其细胞组成及功能的不同，可将胰脏分为外分泌部和内分泌部两部分。外分泌部约占胰脏的90％以上，有分泌胰液的功

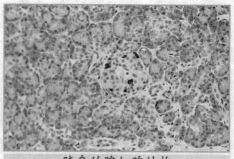

胰岛的腺细胞结构

能；内分泌部占胰脏的1％～2％，为分布在外分泌部内大小不等的内分泌细胞团，在调节营养和物质代谢中起重要作用。胰脏的内、外分泌部之间虽然不同，但两者在结构和功能方面有密切联系。

你知道吗？

认识结缔组织

结缔组织由细胞和大量细胞间质构成，结缔组织的细胞间质包括基质、细丝状的纤维和不断循环更新的组织液，具有重要功能意义。细胞散居于细胞间质内，分布无极性。广义的结缔组织，包括液状的血液、松软的固有结缔组织和较坚固的软骨与骨；一般所说的结缔组织仅指固有结缔组织而言。

胰脏的内分泌部又称胰岛，为分散在外分泌部腺泡间的内分泌细胞团。成人有10万～100万个胰岛，且多分布于胰脏尾部。胰岛的大小与形状不尽相同，直径75～500微米。胰岛的腺细胞数量也不一致，由数个到数百个细胞组成，也有单个细胞的胰岛，散在于腺泡、腺细胞或导管上皮细胞之间。在HE染色中，胰岛细胞染色浅，比外分泌腺细胞小，细胞排

成不规则的条索状。细胞间有连接复合体，细胞索间为有孔毛细血管，直径 50 ~ 100 微米。胰岛细胞与毛细血管紧贴，便于将激素释放入血液。

人胰岛的形态结构及所含内分泌细胞类型与其他动物有差异。用特殊染色法，可将不种类型胰岛细胞显示出来。

α 细胞主要分布在胰岛的外周部，占胰岛细胞的 20%。细胞呈多角形，体积波形蛋白和 BC1-2 等可作为胰脏干细胞的标记物。

TH 是一种神经元标记物，在大鼠胰脏发生中表现出发育依赖性变化。第 16 天胚胎的导管细胞表达 TH，但在成熟的内分泌细胞中难以检测到 TH，胎儿和刚出生幼儿的胰岛细胞和一些导管细胞呈 TH 免疫组化阳性反应。成年大鼠胰脏中，TH 仅在 J3 细胞中表达，这种表达模式暗示可用 TH 来鉴别内分泌前体细胞。

GLUT-2 可在大鼠胚胎的背胰芽和腹胰芽细胞中检出，并在以后的胰芽发育中保持着。孕后 17 天，可检测到细胞内表达 GLUT-2 和胰岛素，以后，这些细胞聚集形成胰岛的 β 细胞群，而那些将转变成腺泡细胞的细胞不再表达 GLUT-2。

CK20 在胎鼠和幼鼠的胰腺导管和内分泌细胞中表达、在成年动物的导管细胞中表达，诱导与导管连接的 p 细胞再生时，CK20 也可在内分泌细胞中表达，这可通过检测胰岛素和胰高血糖素着色区别出来，并可同时显示出导管细胞向内分泌细胞转变的过渡形式，展示了未分化的细胞系最终分化成内分泌细胞的过程。

PDX-1 是一种同源盒转录因子，曲 β 细胞表达，在哺乳动物中，这种同源域蛋白是一种调节胰岛素和抑生长素表达的转录因子，它也作为胰岛素启动因子 -1（IPF-1）、抑生长素活化因子 -1（STF-1）和胰岛 - 十二指肠同源域蛋白（IDX-1）而存在。PDX-1 也可在尚未形成胎儿胰腺的、产生胰岛素的细胞中短暂表达。

胰脏发育中，胰岛前体细胞合成波形蛋白和 Bc1-2。Bc1-2 是位于胰腺导管细胞中的一种线粒体原癌蛋白，是保护细胞免于程序性死亡的因子。Bc1-2 在大鼠胚胎和成体导管细胞中都有表达，说明这些细胞是胰脏干细胞。正常情况下，波形蛋白仅作为间充质细胞的标记蛋白表达，不在上皮细胞中表达。最新研究发现，波形蛋白也是组织再生和胚胎发生中上皮干细胞的一种标志蛋白。

第八章 专能干细胞

在胚胎发生期，定位在人胰腺导管上皮细胞基底层的上皮干细胞通过向导管腔壁移动形成导管细胞，通过出芽方式游离于导管之外形成胰岛细胞。CK20、波形蛋白和 Bc1-2 可看作是胰岛干细胞的标记蛋白。

2. 胰脏和胰岛干细胞的来源及分化

近几年，用免疫组化、分子遗传、显微解剖、体外培养以及转基因小鼠等技术分析胰脏的发生、分化、生长及调控因子表明，内胚层既产生内分泌祖细胞又产生外分泌祖细胞。在肠上皮形成中，有些内皮细胞优先形成胰脏壶腹，胰脏的形态发生和分化便从此开始。胚胎期胰岛细胞的发育、生长或再生始终通过导管出芽方式进行，出生后的胰岛细胞主要由小叶内较小的导管产生。因此，普遍认为，胰岛细胞来源于个体发生期的胰腺导管干细胞，通过胰腺导管上皮出芽和内分泌细胞积聚，最终形成胰岛。

胚胎期胰岛的生长发育是由已经存在的、分化的内分泌细胞，特别是 β 细胞的增殖引起，胰脏再生来自于未分化的祖细胞或干细胞。出生后，β 细胞仍保持分裂能力，但分裂很慢。在特定条件下，成年胰腺的导管细胞能够被刺激分化成胰岛细胞，然而，仍不清楚是否所有的导管细胞都保留有干细胞的潜能。另外，胰岛细胞增殖还需

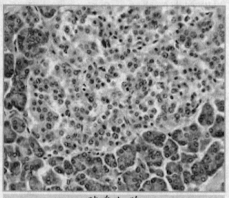

胰岛细胞

要转移因子和生长因子诱导。这些过程将有助于了解 β 细胞的生长和再生，也可能或多或少地有助于弄清各种类型糖尿病的发病机制。

横向分化是一个干细胞或它的后代从一种分化状态转变成另一种分化状态。分化既包括形态变化又包括分子（标记物）变化。横向分化是不可逆的，细胞不能再返回到它发生时的细胞类型。根据 Okada 等人的观点，一些细胞谱系中的细胞能够至少分化两次，也可能更多。大多数情况下，它们只进行第一次分化，以后即稳定排列以维持它们的正常生命周期。然而，在特殊情况下，它们可能被诱导发生进一步分化，表现出第二次分化。成年器官中细胞表型的稳定性与细胞外环境有关，也与细胞质和细胞核中

维持基因表达稳定性的成分有关。在横向分化中，稳定因子的干扰和缺失诱导细胞改变它们的分化途径。在许多例子（包括胰腺、胰岛干细胞）中，横向分化涉及一系列步骤，并可检测到介于原始和分化细胞类型之间的过渡类型细胞。

参与胰岛细胞形成和分化的因子有：碱性磷酸酶、TGF-α、碳酸酐酶、酪氨酸羟化酶等，它们直接或间接地作用于干细胞，使其分化，并且出生后新胰岛的形成重复了胚胎发育过程中胰岛细胞发生过程。目前，常用体外长期培养的大鼠胰岛细胞为材料研究胰岛干细胞生长、分化及标记物表达，为胰岛干细胞的临床应用奠定基础。

3. 胰脏干细胞与疾病

随着对胰脏干细胞研究的深入，胰脏干细胞与疾病的关系正日益受到重视。

（1）胰脏干细胞与肿瘤胰腺癌的组织发生过程尚不清楚。实验表明，大部分胰腺癌发生在胰岛之间，可能从干细胞发生。对发生在导管细胞之间的肿瘤来说，肿瘤细胞可能源于祖细胞。最近用建立的人和大鼠胰岛共培养系统研究证实，胰岛干细胞有转化成恶性细胞的潜能。胰岛细胞以较高几率转化成恶性细胞可能与它们较高的酶活力和较高的增殖速率有关。营养学家研究认为，胰腺癌病人的肥胖与胰岛细胞的增生有关，与摄入的能量无关。

由胰岛来源的恶性腺癌可能与胰岛内转化细胞暴露在高浓度生长因子下有关，这些生长因子包括胰岛素、胰岛素样生长因子和转移生长因子。发生在胰岛之间和发生在导管之中的肿瘤有显著不同，发生在人和鼠导管中的肿瘤生长缓慢，保留相当一段时间的导管细胞特征，而发生在胰岛之间的肿瘤细胞变化和恶性程度较高。

（2）胰脏干细胞与其他疾病胰脏中的干细胞在肿瘤发生、自身免疫性疾病如胰岛素依赖型糖尿病、先天性胰腺畸形（如环状胰腺和异位胰腺）、胰腺损伤、急慢性胰腺炎等引起的组织和器官修复性再生中起重要作用。胰脏干细胞在一定条件下转变为内分泌细胞或外分泌细胞，维持胰脏内各种细胞的数量平衡。

4.胰岛干细胞在糖尿病治疗中的应用

在胚胎发育中，胰岛的内分泌细胞是由导管上皮干细胞通过顺序分化形成。胰岛有个理想的结构，能迅速、高效地控制血液中葡萄糖变化。但是，如果胰岛的组织结构被破坏，如进行中的自身免疫性疾病导致产生胰岛素的 β 细胞被选择性破坏，就形成了糖尿病。如果通过干细胞增殖、分化来弥补 β 细胞的丢失，并提供所需要胰岛素量，那么，糖尿病人的症状将会得到很大程度的缓解。

胰岛细胞的移植是一个有潜力的治疗糖尿病方案，一直受到研究者的重视，其中更多的吸引力在于通过整体胰脏的移植可成功治愈糖尿病。大多数情况下，胰脏移植与肾移植相结合。但对糖尿病性尿毒症患者来说，这种移植通常带有很多潜在问题，手术太大，以至于不值得用于这种手术。另外，胰岛移植涉及分离胰岛和将胰岛注射到脐静脉等程序。其中，获得足够数量

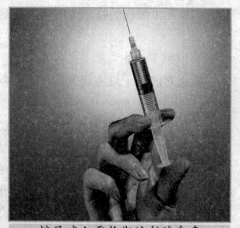

糖尿病人需长期注射胰岛素

的纯化胰岛很难，且在纯化过程中，胰岛常失活，造成胰岛移植的成功率较低，难以很好地应用于临床。

你知道吗？

如何提高胰岛移植成功率

多项评价移植成功的指标显示，胰腺移植和胰岛移植后两年成功率都在80％左右。虽然胰岛移植后对外源性胰岛素依赖性的解除率不如胰腺移植后高，但其移植相关并发症的发生率明显低于胰腺移植。为提高胰岛移植成功率，需要解决的问题还很多。首先，总共需要移植多少胰岛；其次，是否需要多次胰岛输注；另外，肝内胰岛不能在低血糖时释放胰高血糖素。

　　目前，通过细胞移植治疗糖尿病的途径大概有 3 类：① β 细胞途径：有报道称，人的一个 β 细胞可在体外增殖成 15 个胰岛细胞群，这些"胰岛"能使糖尿病小鼠的血糖正常化，表明可通过移植 p 细胞治疗糖尿病；②最近，Ramiya 等人从尚未发病的糖尿病小鼠的胰腺导管中分离出胰岛干细胞，并在体外诱导分化为能够产生胰岛素的 β 细胞，他们将这些细胞移植到糖尿病小鼠的肾被膜下。经过 55 天的观察发现，接受细胞移植的糖尿病小鼠血糖控制良好，而对照小鼠则死于糖尿病。表明用干细胞治疗糖尿病有一定可行性；③临床上，通过培养糖尿病患者的早期胰脏干细胞可获得大量具有分泌胰岛素功能的细胞，既可解决临床材料不足问题，又可避免免疫排斥反应，表现出临床应用的巨大潜力。可以预测，随着干细胞技术的不断发展和完善，用干细胞作为治疗糖尿病最有效手段的目标一定会实现。这是干细胞技术将会给糖尿病患者带来的曙光和福音。

第八章　专能干细胞

生命不老的源泉……干细胞

第三节 肠上皮干细胞

肠上皮的组成 ⊙

肠管壁由四层组成：黏膜、黏膜下层、肌层、外膜。其中黏膜又可以分为3层：上皮层、固有层、黏膜肌层。黏膜上皮中含有多种细胞类型，如柱状细胞、杯状细胞、内分泌细胞、未分化隐窝细胞等。小肠的上皮中还含有潘氏细胞。未分化隐窝细胞是隐窝中最多的细胞，大多位于隐窝下半部，它们增生活跃，核分裂象多见。

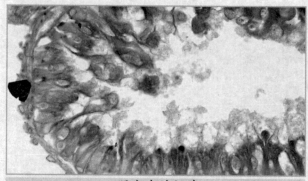

肠上皮的细胞

隐窝干细胞 ⊙

每个肠隐窝均来源于单一干细胞，即来自一个单克隆。据估计，一个正常的隐窝中含有4～6个干细胞。这些干细胞定居在结肠隐窝基底部及小肠隐窝基底部附近。小肠隐窝干细胞位于潘氏细胞上面，由于潘氏细胞的位置经常变动，所以这些干细胞可能不在一个平面上。这些细胞在成熟过程中逐渐丢失干细胞源性。

许多学者都采用了照射实验来研究隐窝存活和再生的能力，并以此来评估单个隐窝中干细胞的数量。他们建议把肠干细胞分成三种类型：即低度、中度、高度放射耐受型。隐窝中的 4 ~ 6 个干细胞很容易发生 DNA 损伤并无法修复，用 1Gy 射线照射就能致其死亡。这种极强的敏感性可以防止基因突变以致癌变。大约有 6 个克隆性细胞在受到 1Gy 射线照射后仍能存活，但加大放射剂量也会致其死亡。这些细胞在正常情况下不表现干细胞潜能，在需要时却可以发挥干细胞功能，并获得修复受损 DNA 的能力，最终再生为一个完整的隐窝。

肠上皮干细胞的分裂

干细胞的分裂通常是不对称的，它能通过分裂产生一个与自己相同的干细胞和一个子代细胞。肠上皮干细胞究竟采用何种分裂模式（对称还是不对称的），至今还没有明确的证据。然而，有实验模型表明肠干细胞在 5% 的时间里进行对称分裂，产生两个干细胞或两个子代细胞。在后一种情况下，可能因为组织环境的改变需要更多不同的分化细胞，从而诱导干细胞进入这种对称的分裂模式。隐窝中的干细胞由于分化、替代、凋亡而丢失，不同的分裂模式导致了隐窝中干细胞之间的竞争。即使在正常情况下，单一干细胞也可能逐渐替代隐窝中的其他干细胞，最终产生肠上皮细胞的单克隆群体。这个过程大约需要 100 天，主要取决于隐窝中干细胞的数量、对称分裂的频率等。

只要隐窝中存在一个功能性的干细胞，它就可以通过对称分裂来填补那些已经丢失的干细胞或克隆性细胞的位置。而过多的正常的干细胞则可以通过自发的凋亡过程被去除，那些发生了不可修复的 DNA 损伤的干细胞也可以通过凋亡被去除。这种严格的干细胞数量的控制是十分必要的，因为多一个干细胞就会使隐窝中额外增加 60 ~ 120 个细胞。

生命不老的源泉：干细胞

肠上皮干细胞的微环境

隐窝干细胞的位置及其子代细胞在上移过程中干细胞源性的逐渐丢失提示我们：干细胞所处的微环境可能是保持干细胞表型的最理想的环境。微环境中的因子能维持干细胞自我更新的特性，阻止干细胞的分化，同时又通过增加它们的黏附性而抑制干细胞的上移，这些因子随着细胞的迁移而逐渐被稀释。已有报道，干细胞微环境中低表达或高表达许多细胞外基质蛋白、生长因子及其受体，但到目前为止，研究人员还没有找到在微环境中发挥决定作用的因子。或许干细胞的特性是通过微环境中的多种因素或信号的共同作用来维持的。

小肠干细胞分散于距隐窝基底部 2 ~ 7 个细胞直径高的环面。两个干细胞相互接触的机会很少，它们更可能被自己的第一至第三代子细胞所包围。这种情况下，很难想象单个干细胞所处的有限微环境还能表现出对邻近细胞不同程度的分化调节，也难以想象单个干细胞感受本身数量的变化并加以补充的机制。有一种可能，就是每一个干细胞都与潘氏细胞相毗邻，由这些潘氏细胞调控干细胞的作用。但一些动物如猪、狗的小肠中并不含有潘氏细胞，这又说明潘氏细胞不是干细胞发挥作用所必需的。另一种可能就是干细胞本身可以产生一个影响干细胞源性的区域，其间相关因子的总浓度有助于决定干细胞的命运。

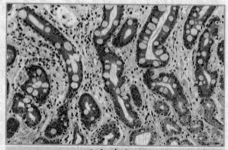

肠上皮组织